新手養成——從零開始養小動物!

# 文鳥的幸福飼育指南

幸福

飲食、相處與健康管理,關於文鳥的教養百科!

汐崎隼 監修·插圖　蔡婷朱 譯

# 前言

文鳥是自江戶時期起，日本人就非常熟悉的鳥類，可是在日本的戶外環境，其實是看不到野生的文鳥。

文鳥的原產地為印尼，日本所飼養的文鳥基本上都是從國外進口，或者在日本國內繁殖的寵物鳥。

即便如此，文鳥依然是日本人相當熟悉的鳥類，這個現象或許也強烈訴說著日本人具備的感性。

文鳥究竟有何魅力，能深受日本人喜愛呢？

- 非常親人，甚至能夠上手
- 單純的外表看起來就很有氣質
- 可愛無極限，歌聲療癒人心
- 動作可愛，感覺就像是在跳舞
- 頭腦聰穎，會做出懂得人類心裡在想什麼的行為與反應
- 容易飼養，新手飼主也能從雛鳥開始養起

其他還有好多好多的魅力。自古不斷改良至今的文鳥，可說是已經達到完美境界的寵物鳥。

文鳥常被認為是相對容易飼養的寵物鳥類。不過，對於已經在養

文鳥的飼主而言，一定也會覺得文鳥個性非常多樣，飼養起來其實並沒有想像中容易吧？許多飼主在分享經驗時，都會用「喜怒無常」、「很有自我原則」這類的字眼來形容文鳥的個性。可以說想要完全搞懂文鳥的性格絕非容易之事，所以從這個角度來看，養文鳥其實非常有難度。

起初在企劃本書時，一開始是希望能夠透過書中內容，與文鳥飼主或是日後想要養文鳥的讀者分享「文鳥心裡其實是這樣想的」。不過開始正式進入編輯與製作程序後，許多愛鳥人士也積極地陸續分享了「文鳥喜歡什麼」、「文鳥會想要主人怎麼做」、「文鳥這樣的行為總讓飼主很頭痛」等等非常多樣且豐富的親身經歷。書中也刊載了由飼主們提供的愛鳥照，在此深表感謝之意。

期待各位讀者能藉由本書，對文鳥有更深一層的了解，並充分享受與文鳥的愉快生活。

# contents

# 與文鳥相伴生活

光是靜靜地與文鳥相處在一起，就覺得十分幸福。
情緒低落時，還能從文鳥身上得到慰藉。

汐崎隼（漫畫家）

## 養文鳥的契機

我從小的夢想就是和小鳥當朋友，筆記本裡永遠都是畫小鳥的圖案。小學二年級時曾吵著爸媽買鳥，開始了與文鳥的相遇。然而，當時什麼都不懂，所以小鳥養沒多久就過世了。後來養的鳥寶都很長壽，也讓我體會到與文鳥一起生活的樂趣。

我其實還有養過玄鳳和虎皮鸚鵡，但是成年後又浮現想要養鳥的念頭時，最後選擇的還是文鳥。鸚鵡生性活潑，可以和牠玩得非常開心，不過文鳥卻會讓人有種光是一起平淡度過就很幸福的感覺，這或許代表我和文鳥很合得來呢。

## 覺得文鳥「好可愛」的時候

淡雪，♂，6歲

「任何時候都很可愛！」——這個答案雖然一點也不假，但對讀者來說可能沒有任何幫助，就讓我來分享一些文鳥讓人印象深刻的可愛動作吧。比如看見鳥兒緊跟著我，走到哪跟到哪的模樣就令人無比心動；就算在籠內也會移動到離

我最近的位置；放風時只要喊出鳥寶的名字，鳥兒就會開心地朝我飛來。

還有，當我提不起勁時，鳥寶會把身體貼過來，給我安慰，淡雪說不定也知道我心裡在想什麼。對淡雪而言，我就是「伴侶」般的存在，或許他想展現出「由我來保護你」的男子氣概呢。

##  給還沒養過文鳥的讀者一段話

以飼養難易度來說，文鳥是很好入門的鳥類。飼養上既不需要寬闊的空間，飼料費也不貴，很省荷包。文鳥不用帶出去散步，只要照顧得宜，基本上都能活得健健康康。還有還有，文鳥能配合人類的生活模式，所以飼主不用刻意大幅改變；再加上文鳥很有自己的想法，感覺比較像是人鳥彼此作為室友，自在地生活。

對新手飼主而言一定驚訝無比，覺得「文鳥怎麼可以這麼可愛」！只要呼喊鳥寶的名字，牠就會啪啪啪地飛來，也會在你的手上打瞌睡⋯⋯，能夠欣賞文鳥的這些模樣實在非常幸福。期待您也能享受與文鳥一起生活的日子！

「文鳥可是很愛撒嬌的呢⋯⋯」

吃飯囉！大家集合～！

「剛洗完澡，眼睛瞪好大！」

「元氣滿滿」！

「表情好認真啊，在想什麼呢？」

「我倆感情好～」

# 第1章
# 讀懂文鳥的心情

chapter.1

## 01 ～ 18

讓我們一起了解表情豐富的文鳥
心中在想什麼吧。

# 歌聲實在好可愛

- 說到文鳥的魅力，愛鳥人士肯定會口徑一致地提到那可愛的叫聲。文鳥的鳴叫聲不只能撫慰人心，還代表著許多意義。
- 文鳥的叫聲豐富多樣。一起生活後能慢慢地從叫聲分辨鳥兒的心情，飼養上也會變得更有趣。

我可是很會唱歌的呢！

## CHECK！

「逼逼逼♪　啵啵啵♪」
聽到鳥兒就像是只對著你唱的歌聲，
一定會感到無比療癒。
同時也是滋潤生活的最佳BGM噢！

## 知道歌聲的含意，會更惹人疼愛

### 只為飼主而歌

　　文鳥的魅力之一，在於那可愛到不行的歌聲。看見親手飼養長大的文鳥對著自己說話唱歌時，就會沉浸在無比的幸福感中。

　　文鳥的歌聲多元豐富，怎麼聽都不會膩。「嘰！嘰！」「逼逼逼！」「啵啵啵！」……好多好多，文鳥在不同的心情及身體狀態下，叫出的聲音也會不同。與鳥寶一起生活的過程中，鳥主人們會慢慢地從叫聲知道鳥兒這個時候究竟是在「撒嬌」、「高興」還是「生氣」？當主人能解讀這些訊息時，就會深刻感受到人鳥心靈間的契合，鳥兒也會變得更惹人疼愛。

　　文鳥叫聲不會太過響亮，所以不少人都覺得可以放心地養在公寓裡。

「我想出籠時，會用叫聲讓主人知道喲！」

## 文鳥就是這麼可愛！

　　文鳥「啾！」的叫聲怎麼聽都可愛。當我要起身離開時，鳥寶甚至會不停地「啾啾」叫，彷彿在問主人「你要去哪裡？」心情好的時候還會「嘰喲——、嘰喲——」地歌唱，用歌聲為我們的生活帶來滋潤。

「站到主人手指上就很安心♪」

# 親人的文鳥，能成為人類最佳伴侶

- 只要和鳥兒充分互動，文鳥也會非常信任主人，把主人視為另一半。

- 對鳥兒疏於照顧，或是讓鳥兒感到恐懼，都可能使鳥兒變得不親人，所以一定要給予鳥寶滿滿的呵護。

整個貼在主人手上，就會覺得很安心呢

## CHECK!

要好好地疼愛鳥兒喔。
如此一來，鳥兒也會給予滿滿的回饋。
想要就這樣地開心生活，
永遠相親相愛呢！

## 能察覺主人的心情

### 一起玩樂的幸福時光

當我們對文鳥百般呵護，文鳥也會把主人視為另一半，如家人般拉近彼此的距離。當鳥兒出籠後，會很開心地停在主人手上、肩上，或是磨蹭主人撒嬌。和這種不怕生的文鳥互動時，可說是無比幸福。

文鳥有時還會做出「主人，我懂你心情」的動作。不少愛鳥人士都表示，曾有過「當自己心情低落時，文鳥會靜靜地靠到身旁，感覺像是在給我鼓勵」的經驗。不過，如果主人對鳥兒疏於照顧，或是不斷做出讓鳥兒感到恐懼害怕的行為，那麼鳥兒就很難與人親近，所以主人有多愛鳥兒，鳥兒就會給予相當的回應。

要一直
相親相愛喲！

## 文鳥就是這麼可愛！

文鳥很有自己的原則，就算出籠放風，也可能只會埋頭玩玩具。不過當鳥兒感到寂寞時就會主動靠近主人，整隻蜷縮在一起，實在可愛極了。若這時主人準備起身外出，有些文鳥甚至會一直叫，完全不想與主人分開。

「我可是非常撒嬌呢～」

# 喜怒哀樂表情多

- 文鳥會用多元的叫聲和全身動作來表現自己的情感,充滿自我性格也是文鳥的有趣之處。
- 當主人感受到文鳥的心情時,不妨給點回應吧。

你知道我在想什麼嗎?

## CHECK!

鳥兒會高興、生氣,也會覺得寂寞。
只要知道文鳥想表達什麼,
與鳥兒的關係也會更契合,
就像彼此能溝通對話一樣。

# 從叫聲和動作解讀鳥兒的心情

## 文鳥的情感表現淺顯易懂

　　文鳥既不會說話，也無法從臉上得知牠的心情。不過，鳥兒會用多樣的鳴叫聲和全身動作，來表達究竟是「愉快」、「開心」、「害怕」、「寂寞」還是「生氣」。

　　出籠後，鳥兒可能會很開心咚咚咚地跳向主人，寂寞時也可能會想要吸引主人的注意，發出可愛的「波比波比」聲。總之，文鳥的喜怒哀樂相當淺顯易懂，總會讓人會心一笑。

　　極有個性也是文鳥的有趣之處，所以每隻鳥兒在情緒表現上並不會完全相同。當鳥兒表達出自己的心情時，主人們不妨給點回應吧。透過這樣的互動與交流，讓彼此心靈逐漸相通，與文鳥的生活肯定也會變得更多采多姿。

「我可是正在想事情啾。」

## 文鳥就是這麼可愛！

　　撒嬌時會發出「啾──啾──」的細膩聲音，生氣時則會發出「咖露露露……」的鳴叫聲，並像蛇一樣扭動著身體。文鳥會把喜怒哀樂十分鮮明地表現出來，主人似乎也能懂得鳥兒想說什麼。把文鳥接回家後，家裡可是會變得很熱鬧呢。

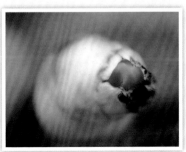

「能與主人心靈互通，好開心呢！」

# 不經意的可愛姿勢，魅力無法擋

- 文鳥的姿勢其實非常豐富，每個動作都讓人覺得可愛無比。
- 只要是能讓文鳥安心玩樂的環境，牠也會大方地擺出各種姿勢，所以與文鳥建立起互信關係可是非常重要。

這種姿勢也難不倒我喲！

### CHECK!

文鳥的動作就像是在跳舞一樣，
既豐富又可愛。
你家的文鳥會擺出什麼樣的姿勢呢？

## 文鳥最大的魅力就在於豐富多變的姿勢

### 彷彿隨風起舞般的輕盈

我們身邊可見麻雀、燕子、綠繡眼等非常多種野鳥，不過很難有機會近距離觀察這些鳥兒的模樣。這麼說來，能細細品味鑑賞站在手上的鳥兒似乎就成了文鳥飼主的特權呢。

只要仔細觀察文鳥的姿勢，就會發現其實每個動作都代表不同的意思。像是歪著頭、四處彈跳、扭動身體、蹲下、伸展翅膀、如跳舞般不斷轉動，也難怪愛鳥人士們總會口徑一致地表示，文鳥是一種怎麼看都不會覺得膩的鳥類。

文鳥非常擅長擺出各種姿勢，而這樣活潑的舉動也代表牠知道自己處在能夠放心玩樂的安全環境，同時也是對飼主充滿信賴的表現。

「我在伸展翅膀喲！」

## 文鳥就是這麼可愛！

鳥兒心情好時，會張開大大的眼睛，發出像是在自言自語般的「啾、啾」聲，並用跳躍的步伐圍繞著主人散步。偶爾還會沒來由地啄向主人臉上的黑痣，這樣的惡作劇雖然會讓人很痛，卻還是非常可愛。

「看我翻肚肚～」

# 不自覺地在手心打起瞌睡……

- 文鳥很喜歡黏著主人，無論是手上、肩膀、手臂，哪裡都可以佇足。
- 只要人鳥擁有十足的互信關係，鳥兒就會記住被主人用手心輕輕包覆時的安心感。

這裡讓我覺得
最安心呢～

## CHECK!

感受著手心裡的溫度，
再看看文鳥整個癱軟放空的模樣，
相信主人自己也會覺得非常窩心。

## 被文鳥的溫度所療癒

### 朝人靠來的模樣實在令人心頭一緊

文鳥撒嬌時朝主人靠來的模樣實在非常可愛。鳥兒還會把人的手、肩膀、手臂當成棲木佇足，露出無比滿足的表情。

特別親人的文鳥似乎很喜歡窩在手心裡，有些鳥兒甚至會鑽入主人手中，磨蹭身體找到自己舒服的姿勢。這時對文鳥而言同樣非常幸福，但主人能如此近距離地看見愛鳥可人的模樣，更

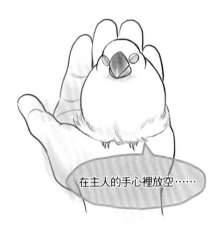

在主人的手心裡放空……

是再喜悅不過了。看著文鳥徹底放鬆，依靠在主人身上時，才知道「原來人鳥可以如此親近」，深覺無限感動。相信飼主也會在不自覺的情況下被文鳥的溫度所療癒。

## 文鳥就是這麼可愛！

或許是因為鳥兒獨自看家時會寂寞，每當飼主回家後，牠們都會特別黏人。有時會停在肩膀，用身體磨蹭著主人的脖子，有時還會試著鑽進手心。出籠撒嬌完，覺得滿足了，就會開始在房內玩耍到處飛。

「我很喜歡在主人的手心理毛唷。」

# 有時也很強勢，甚至動不動就想吵架……

- 文鳥多半生性膽小，但是遇到不合的對象也會變得強勢，主動攻擊對方。
- 雄鳥吵起架來會很激烈，若情況無法控制，就必須分籠飼養。

我們有時也還是會吵架。

## CHECK!

文鳥其實個性強勢，非常有自我主張。
平常很撒嬌、黏踢踢的鳥兒，
也是有可能會突然翻臉用力啄人，
把主人嚇一大跳。

## 心情不好時，飼主也遭殃

### 雄鳥的爭吵特別容易白熱化

各位或許很難想像，看起來可愛到不行的文鳥其實很愛吵架。鳥兒生性膽小，卻也很強勢，遇到不合的對象會作勢攻擊。

同時飼養多隻文鳥的話，鳥兒就有可能會發出「咕嚕嚕嚕─！」的威嚇聲，甚至用嘴喙啄對方，雄鳥彼此間的爭執更是激烈，讓人看了不禁捏把冷汗。如果空間夠寬闊，較弱的一方可以脫逃，所以問題不大。但如果是在籠內，弱鳥就有可能受傷，甚至出現強勢方霸占飼料的情況，這時必須分籠飼養才能解決。

「我現在很、生、氣！」

鳥兒雖然平時很黏人、愛撒嬌，但是只要心情一不美麗，就有可能回過頭突然攻擊主人。好吧，雖然很多愛鳥人士都會覺得，這樣的反差也很萌呢⋯⋯。

 ### 文鳥就是這麼可愛！

看著鳥兒在手心裡安穩沉沉入睡，飼主一定會深深地體認到，養文鳥真的是太幸福了。不過，鳥兒也可能突然睜開眼睛，正當我們還在思考「怎麼了呢？」的時候，牠就狠狠地朝手咬下去！如此「傲嬌」的一面亦是文鳥的迷人之處。

「放鬆休息中。」

# 隨著成長，
# 會愈來愈聰明

- 文鳥成長的同時會愈變愈聰明，到了4歲甚至能懂得與主人的生活模式。
- 只要充滿情感不斷互動，鳥兒也會感受到主人的心意。

要教我很多事喲

## CHECK!

文鳥會透過生活經驗與互動，
變得愈來愈聰明。
鳥兒雖然不懂言語，
卻還是能感受到主人的心意喲。

## 鳥兒會從生活經驗中學會許多事物

 ### 雖然不懂言語，但與主人心意相通

新手飼主一定會驚訝，沒想到文鳥這麼聰明對吧？尤其是4歲起，鳥兒就會從腳步聲分辨是不是主人回來了，也會配合主人的生活步調活動，接近睡覺時間甚至會擺出準備就寢的姿勢，透過生活上的各種經驗學會許多事物。當我們盯著鳥兒瞧，牠也會直直地回看你，感覺就像是想和主人對話溝通。

每隻鳥兒的聰明程度不一，但比起聰明與否，主人平常與鳥寶的互動是否充滿情感反而更加重要。好比說養成雙眼注視鳥寶，對著鳥寶說話的習慣，即便鳥兒不懂言語，也會知道「主人似乎要跟我說些什麼」。透過這種方式不斷互動，文鳥就會變得愈來愈聰明喲。

「這是什麼啊？」

## 文鳥就是這麼可愛！

當我們回應鳥兒的需求，鳥兒就會表現出開心模樣，這時主人也能深刻感受到彼此間的心情交流。自己的認知更會從原本的「養鳥」慢慢地轉變成「和鳥兒一起生活」。當鳥兒懂得我們在想什麼，那才是莫大的欣喜呢！

「心靈相通真的很棒呢！」

# *08* 超喜歡在室內飛來飛去

- 養成每天放風的習慣，鳥兒將會非常期待出籠時刻。
- 盡可能讓鳥寶每天開心玩樂，這樣不僅能讓鳥兒健康，也有助壓力釋放。

我想要盡情地飛！

## CHECK!

讓我們靜靜守護著文鳥
在室內自由飛翔的時光。
這也是主人能感受到
「我真的養了文鳥呢！」的喜悅時刻。

## 每天固定的放風時段

**不僅維持鳥兒健康，也有助壓力釋放**

如果能每天固定時間讓鳥兒出來放風，那麼時間快到時，鳥寶就會表現出「好想趕快出來玩」的等待模樣。文鳥原本就是翱翔於大自然的動物，所以出籠後很喜歡在室內到處飛來飛去。建議主人每天都讓鳥兒們開心地放風玩樂，這樣不僅能讓鳥寶身體健康，也有助壓力釋放。

這裡是我的運動場！

野生文鳥會隨日出日落的時間作息，所以我們飼養文鳥時，傍晚過後最好是減少與鳥兒玩樂，但實際上卻很有難度。文鳥算是適應力佳且頭腦聰明的鳥類，只要固定生活步調與模式，就算等到下班回家再讓鳥兒出來放風，也不會有太大的問題。

### 文鳥就是這麼可愛！

出籠時鳥兒會很開心地黏著主人，不過撒完嬌後就會躲到文件盒等狹窄的空間裡。文鳥非常喜歡這類環境，但是當主人準備起身離開房間時，鳥寶又會很慌張地飛出來，彷彿在說著「別走啊」。

「小小的空間，讓我很放鬆呢。」

# 膽小的文鳥，
# 可別讓牠們受驚

- 開始飼養文鳥時，如果讓鳥兒受到驚嚇或感到恐懼，可能會使鳥兒變得不親人。

- 鳥兒對聲音很敏感，所以開關門時要避免發出巨大聲響，講話也別太大聲。

別嚇我，我會害怕……

## CHECK!

文鳥警戒心強，也較神經質。
如果讓鳥兒受到驚嚇或感到恐懼，
牠可是會拒絕對你敞開心房喔。

## 野性使然，總是繃緊神經

### 驚嚇可能使文鳥牢牢記住不好的回憶

　　當文鳥相信某個人時會完全卸下心防，但其實文鳥原本是警戒心強且神經質的鳥類。剛飼養時，如果讓鳥兒受驚或恐懼，牠可能就會拒絕敞開心房。鳥兒或許會逐漸習慣生活環境，但心中那可怕的回憶卻難以抹去，只要有些動靜就會過度反應，變得很膽小。

　　鳥兒對聲音尤其敏感，就算主人靜悄悄地走出房間，牠還是會察覺到那非常細微的腳步聲。因為文鳥明顯保留隨時繃緊神經的原始習性，避免自己在野外被天敵捕獲。如果開關門發出大聲響、物品掉到地上、突然大聲說話喊叫，都有可能讓鳥兒陷入恐慌，務必多加留意。

「嚇到我的話，我可是會努力躲起來。」

## 文鳥就是這麼可愛！

　　文鳥對微小聲響會有反應，探頭探腦地望向聲音來源，這也是小動物獨有的可愛行為。雖然我盡量不發出巨大聲響，但如果真的無可避免時，可以先出個聲，吸引牠的目光，這樣鳥寶就比較不會受到驚嚇。

「那邊有聲音！」

# 好奇心旺盛，
# 探頭探腦觀察環境

- 文鳥有著強烈的好奇心，看到陌生的事物會非常小心翼翼地靠近，確認究竟是什麼東西。
- 文鳥非常親人，也會試著靠近不曾謀面之人。

這是什麼啊？

CHECK!

旺盛的好奇心使然，文鳥總會四處張望。對第一次看見的事物會先在遠處觀察，或是小心翼翼地啄啄看，透過這樣的方式認識世界。

## 對陌生事物總是興致昂然

### 大多數的文鳥都很喜歡鏡子

文鳥的好奇心十分旺盛。發現陌生事物的話，會小心翼翼地接近，在有點距離的位置觀察，也有可能繞行周圍，甚至啄啄看。很多意想不到的東西甚至會變成鳥兒喜愛的玩具呢。

喜歡玩鏡子的文鳥不在少數，剛開始或許會有些恐懼，但只要適應了，就可能會一直凝視著鏡中的自己，甚至對著鏡子鳴叫。這些模樣都讓人會心一笑，光是欣賞就覺得愉快無比。

我最喜歡人類了。

如果有不認識的客人造訪，鳥兒甚至會停在對方的手或肩上，絲毫不害怕。主人或許會有些吃醋，覺得「怎麼可以停在其他人的手上」，但這也代表文鳥很親人。鳥兒會對人類保持強烈的好奇心，其實都是為了與身為主人的你建立起互信關係。

## 文鳥就是這麼可愛！

鳥兒在放風時會四處探索，探頭探腦地尋找自己覺得舒服的地點。對於不曾看過的物品可能會覺得恐懼，但慢慢熟悉後，甚至會愛不釋手。鳥兒就是用這樣的方式，慢慢加大室內的玩樂範圍。

「這個真好玩！」

# 只要呼喊名字，就會歪過頭來

- 文鳥會記住自己叫什麼名字。對主人而言，鳥兒聽到自己名字時會看過來的話，可是再高興不過了。

- 文鳥其實並不知道主人是在叫牠，不過多叫個幾次，鳥兒就會知道主人是在對著自己說話。

在叫我嗎？

### CHECK!

叫鳥兒的名字時，牠會朝這邊看過來，並用那圓滾滾的眼睛盯著你看。
這也是能夠立刻且充分感受到飼養文鳥那份喜悅的瞬間。

##  重複多叫幾次，鳥兒就能記住名字

### 相互信賴的伴侶證明

叫鳥兒的名字牠就會看過來。對於養寵物的人而言，這絕對是種莫大的喜悅。無論飼養什麼寵物，共同生活的過程中一定會對寵物愈來愈有感情，呼喊寵物名字且得到回應時，更能深刻體認到彼此的心意相通。如果鳥兒跟主人夠親近，放風時只要叫聲名字，牠就會飛來停在主人的手上或肩上。這也是鳥兒信任對方，把主人視為伴侶的證明。

其實文鳥不懂言語，也認不出自己叫什麼。但只要多叫幾次，牠就會意識到「主人正對著我說話呢」。想要鳥兒聽到自己的名字時有反應只有一個辦法，那就是每天充滿感情地和鳥寶說話。

「跟我說說話嘛！」

## 文鳥就是這麼可愛！

剛開始呼喊鳥兒名字時，牠會毫無反應，但是養了幾個月之後，鳥寶會做出一些「主人你在叫我，對吧？」的動作。現在叫牠的名字，鳥寶會很乖地看向我並靠來，不過偶爾也會已讀不回就是了……。

「要常叫我的名字喲！」

# 想要一直待在
# 舒服的地方！

- 文鳥的感受度強烈，生性纖細，主人要多花點心思，為鳥兒
  準備一個舒適的環境喲。
- 多留意籠內環境與飼養地點，別讓鳥兒有壓力。

謝謝主人總是幫我
打掃得乾乾淨淨！

## CHECk!

飼養環境惡劣，會導致鳥兒有壓力，
甚至變得毫無生氣……。
務必給鳥寶一個整潔、寧靜的環境。

# 環境會影響鳥兒的健康與心情

## 透過各種方法，避免鳥寶產生壓力

　　文鳥和人類一樣，也喜歡處於舒服的環境。身處放鬆環境的文鳥會有精神地拍振翅膀，開心地嘰喳鳴叫和洗澡玩水。相反地，如果是感到不舒服的環境，就會使鳥兒有壓力，變得心浮氣躁，甚至毫無生氣。文鳥的感受性強，較神經質，所以飼養環境很容易對健康或心情造成影響。

　　當鳥籠變髒時，就要勤於打掃，維持環境整潔。籠子要擺在通風良好，白天光線明亮的位置。鳥兒喜歡安靜，建議擺放位置離電視或音響遠一點，還要避免直接擺在地上，以免震動影響鳥兒。仔細觀察文鳥，徹底找出鳥兒喜歡及討厭的事物，為寶貝打造一個舒適的環境吧。

「這裡最舒服了呢……」

## 文鳥就是這麼可愛！

　　我每天都會很注意籠內飼養環境，為的就是一早能聽到鳥兒「啾、啾！」的可愛叫聲。文鳥非常愛乾淨，所以我在清掃上也特別費心。當我打掃乾淨後，鳥兒的叫聲似乎也會變得更有精神呢。

「鳥窩最能讓我放鬆喲。」

# 強烈的圈地意識

- 文鳥的圈地意識強烈，喜歡有點距離感，原則上以「一鳥一籠」飼育為佳。
- 成對的文鳥感情相當和睦，能夠一起生活。

個人空間也是很重要！

## CHECK!

文鳥不喜歡別人靠太近，

但如果是伴侶，可就另當別論。

只要是覺得親切的對象，

文鳥就會卸下心防喲。

## 一鳥一籠的基本原則

### 圈地意識強烈的鳥兒

野生文鳥會群居生活，但並不是每隻鳥兒緊緊貼靠在一起，還是會保有一定的距離。文鳥的圈地意識強烈，不喜歡別人進入自己的空間區域。

所以如果要飼養多隻文鳥，原則上必須一鳥一籠。不過，如果公鳥和母鳥認定彼此為伴侶，開始出雙入對的話，就可以合籠飼養。但並非所有公母鳥都能配對，牠們跟人類一樣，也會有個性合不合的問題，要遇到鳥生伴侶可不容易呢。

對於飼主而言，被鳥兒認定為伴侶的那一刻開始，才是真正邁上飼養文鳥之路，所以主人們可以多和鳥兒面對面說說話喲。

「我們正在聊天喲。」

## 文鳥就是這麼可愛！

文鳥很擅長表達情感。當我以為鳥兒要靠過來撒嬌的時候，牠卻會若無其事地甩頭走掉，讓人完全摸不著頭緒。感覺身為主人的我總被鳥兒牽著鼻子走，隨時都要猜測鳥寶的心情呢。

「陰晴不定的性格也很可愛，對吧！」

# 不喜歡被追趕！

- 野生文鳥會隨時警戒，避免自己成為獵物。即使是飼養的文鳥，也很討厭被追趕的感覺。

- 就算與鳥兒很親近，也不要突然伸手，要先對上目光後再靠近牠。

要慢慢靠過來喲。

## CHECK!

即便對方是自己最愛的主人，

鳥兒被追趕的話還是會想要脫逃。

主人務必理解文鳥的習性，

溫柔搭話並慢慢地靠近鳥寶喔。

## 窮追不捨會使鳥兒心生恐懼

### 視線對上，下一步才能慢慢靠近

對文鳥而言，最可怕的事情就是被天敵盯上變成獵物。人類飼養的文鳥看起來很自由自在，不過在野生環境下可是屈居弱勢，因為覺得隨時都有危險，所以野生文鳥會一直處於警戒狀態。

文鳥與生俱來的天性，使牠們即便飼養在安全環境下，依然很討厭被追趕。如果飼養初期就有追趕行為，鳥兒會把主人歸類成「可怕的存在」。就算已經和主人親近，突然伸手捕捉也會讓鳥寶受驚嚇，必須多加留意。

靠近文鳥時，建議視線等高或稍微由下往上。鳥寶放風後若不肯回籠，可以用飼料引誘；如果是晚上將近睡覺時間，可以關燈迅速將鳥兒抓回籠。

「別過來！我要逃走囉～」

## 文鳥就是這麼可愛！

我家鳥兒喜歡在狹窄的屋內敏捷穿梭，剛接回來的時候，總是不肯乖乖回籠，甚至會跟我玩捉迷藏。不過養了一陣子，比較熟悉彼此後，只要跟鳥寶說「放風時間要結束囉」，牠就會乖乖聽話回籠。

「放點飼料我就會自己靠過來喲！」

**41**

# 其實也很愛吃醋

- 鳥兒對主人用情之深，有時甚至會吃醋忌妒，其中又以公鳥的情況最明顯。
- 占有慾強的鳥兒，有時還會威嚇甚至攻擊視為情敵的對象。

你只能是我的！

## CHECK!

假若出現「情敵」的話，
鳥兒有可能會採取猛烈的攻擊。
看到鳥兒吃醋，主人當然會覺得開心，
但有時也會很頭痛呢……。

**想要攻擊敵人的獨占本能**

**複雜的戀愛情感，就有如人類一般**

　　文鳥對主人用情之深，可是會深到吃醋。譬如說主人帶女友回家，兩人表現出感情很好的模樣，籠內的鳥兒可是會出現憤怒威嚇的行為。這時如果讓鳥兒出籠，牠很有可能會飛向女友，以咬或啄的方式攻擊對方。尤其又以公鳥特別容易出現這類行為，並且對視為敵人的對象表現出攻擊性。

　　如果鳥兒認定飼主夫妻其中一方為伴侶，就有可能將另一半視為情敵，不過絕大多數的文鳥都會逐漸習慣這位情敵的存在。文鳥竟然擁有人類般的複雜心理實在讓我訝異。對主人而言，鳥兒吃醋或許是深情的表現，但吃醋過頭也讓人挺頭痛。

「對伴侶用情之深，無人能敵！」

**文鳥就是這麼可愛！**

　　有次我請朋友到家中作客，那也是開始養文鳥後，第一次邀請外人來到家中。結果鳥兒在籠子裡發出不曾聽過的憤怒叫聲，把我嚇了一跳。心想著那也是鳥寶愛我的表現，頓時就覺得可愛到不行。緊接著，下一秒朋友就慘遭攻擊了……。

「我在籠子裡熊熊發火！」

# 被責備時也會難過

- 訓練文鳥時，責罵是行不通的。發飆或拍打行為只會讓鳥兒覺得自己「被攻擊」。
- 被啄咬的時候不要生氣，就把鳥兒這些行為當成是一種身體接觸吧。

要接受
我的全部喲！

## CHECk!

鳥兒被罵時，會覺得自己「被攻擊了」，就算牠搞怪搗蛋，主人也都不要生氣。讓我們接受鳥寶的所有個性吧。

## 暴怒、拍打絕對禁止！

### 責罵無助於鳥兒訓練

文鳥很聰明，有時看起來懂主人在說什麼。但可不表示當我們叫牠「快回籠子」、「不要把飼料撒滿地」，牠就會乖乖聽話。

各位務必要了解文鳥是罵不得的寵物。如果基於訓練而出現責罵行為，鳥兒只會覺得自己被攻擊。好不容易敞開心房的文鳥也會和主人漸行漸遠。

和文鳥玩樂時，如果突然被啄咬其實滿痛的。但即使遇到這種情況，也千萬不可以生氣或責罵鳥兒，而是以包容的態度，把鳥兒這些行為當成是身體接觸吧！

「我也是會嚇到喔！」

## 文鳥就是這麼可愛！

上一秒還在掌心裡撒嬌，下一秒可能就會用力朝我的手咬下去，以前我曾放聲大叫，結果嚇到鳥兒，所以現在學會忍耐疼痛。被啄其實滿痛的，但是看到鳥寶一臉若無其事的玩耍模樣，感覺也就沒那麼痛了呢。

「有時就想啄一下嘛～」

# 人類也甘拜下風的
# 戀愛高手

- 公鳥會唱歌跳舞，吸引母鳥的目光；母鳥則會以攻擊的方式試探公鳥，判斷是否要接納對方。
- 文鳥配對後就會同進同出，如膠似漆的模樣令主人都深感忌妒呢。

感情好到
不得了～

### CHECK!

說到談戀愛，母文鳥就非常厲害。
牠會從公鳥歌聲、跳舞和個性，
決定是否要接受對方的情意。

## 陷入戀愛的文鳥，令人忍俊不禁

### 攻擊也是一種伴侶試探

文鳥戀愛時的模樣看起來就很賞心悅目。平常較強勢的公鳥如果看見自己心儀的母鳥，就會唱歌跳舞吸引對方注意。即便母鳥對公鳥有好感，心裡想著「交往看看似乎也不錯……」，但牠們可不會立刻答應。母鳥會冷不防地啄公鳥，試探對方的反應，確認是否真能一起生活以及個性合不合。只要公鳥沒有反擊，基本上就算配對成功。

鳥兒伴侶剛在一起時，對彼此會有些緊張，偶爾還會吵架，主人不妨備妥能讓牠們暫時分開的籠子。當鳥兒互相熟悉後就會同進同出，放風時也會一起玩，親密到主人看了都心生忌妒呢。

我會對伴侶掏心掏肺喲！

### 文鳥就是這麼可愛！

我只有養一隻文鳥，所以鳥兒似乎把我這位主人當成情人。我回家後牠會開心地鳴唱迎接，放風時總黏在我身邊。我外出時，心裡也都會想著家中的鳥寶，這應該就是所謂的相親相愛吧。

「快跟我一起玩嘛！」

# 記憶力絕佳，
# 學習也難不倒

- 文鳥在成長過程中會不斷學習，透過回憶的累積，加深與主人間的互信關係。

- 不好的體驗回憶也會清晰留在腦中，所以與鳥兒互動時，要盡量讓鳥寶留下愉快美好的回憶。

我們要一起留下很多回憶喲！

CHECK!

鳥兒成長過程中會開始學習，
逐漸適應環境。
主人要多為鳥寶製造愉快的回憶，
鳥兒才能過得開開心心。

# 一起製造愉快的人鳥回憶

## 可怕回憶會根植心底，揮之不去

和文鳥一起生活後，會發現牠們開始學習很多事物，這也代表著文鳥其實有記憶力。例如牠們會記住房間內的哪個位置擺放什麼物品，和主人許久未見後，再次看見主人就會很開心。

但是，不好的體驗回憶也會深刻在鳥兒腦中。舉例來說，鳥兒不會接近曾讓牠有過可怕體驗的人，如果剪指甲時曾留下恐怖經驗，那麼牠看見指甲刀就會想逃。所以主人一定要竭盡所能，讓鳥兒擁有許多愉快的正向回憶喲。

文鳥腦中的回憶其實都是與主人的各種相處經驗。因此當彼此擁有多年累積下來的美好回憶，信賴關係也會變得更穩固，對主人來說可是至高無上的喜悅呢。

「想要有愉快的體驗呢。」

## 文鳥就是這麼可愛！

我現在與鳥兒的感情非常好，不過想起剛接回家的那段時間，感覺鳥兒在籠內也很緊繃，出來放風時也不太有精神，讓我很擔心。逐漸熟悉環境的人事物後，就變得活蹦亂跳，身為主人的我也感到十分開心。

「我會記住很多事情喲！」

「快放我出去！」

「我喜歡待在這裡。」

「眼神超銳利，是在盯著什麼呢……」

「像不像雞冠啊？」

# 第2章
## 享受與文鳥的生活

chapter.2

*19 ~ 35*

讓我們學會更多照顧文鳥的

基本知識吧。

# 迎接文鳥前，
# 必須知道這些事

- 文鳥其實還滿長壽的，飼養前務必謹慎思考，自己是否能照顧到終老。
- 要事先了解文鳥的生態、情緒表現，以及照顧須知。

## 做好照顧到最後一刻的覺悟

　　千萬不要因為在寵物店看到文鳥好可愛，就衝動買回家飼養。如果沒有稍微了解文鳥的習性、照顧方式再決定飼養，最後一定會很後悔，覺得「怎麼跟我想的不一樣……」。不少文鳥都能活到10歲，壽命長度其實跟貓狗差不多。對於能夠分辨人物對象的文鳥來說，所謂的幸福就是與「你」一起生活。飼主們必須謹慎評估，當自己的生活環境出現改變時，是否還能繼續飼養鳥兒。

## 朝夕相伴，感情逐漸升溫

　　文鳥是有情感的動物，每天細心照料，展現對鳥兒的情感非常重要。如果剛開始覺得很新奇，也會跟鳥兒一起玩，但慢慢覺得麻煩，到最後都是把鳥兒關在籠子裡的話，將無法建立起彼此的互信關係，鳥兒甚至會變得不喜歡與人互動。

「要多跟我說說話喲！」

　　與其他飼主交流後，發現絕大

多數的主人都是在養文鳥後開始感受到鳥兒的可愛之處，感情也會變得愈來愈好。如果你能像愛家人一樣地愛鳥兒，且生活環境允許，不妨勇敢迎接文鳥新成員回家吧。

## 迎接文鳥回家前的事項

- 做好將鳥兒當成家人般疼愛到終老的心理準備。

- 了解文鳥的生態與情緒表現。

- 學習每天的照料內容。

- 確認有無空間擺放需要的用品及鳥籠。

- 先找好能診察文鳥的動物醫院以及外出時能暫放的寵物旅館。

「我最喜歡和主人在一起的時光了！」

# 備妥用品，
# 為鳥寶打造舒適的窩

- 飼養文鳥時，必須讓鳥兒住在籠子裡，別忘了挑選能讓鳥兒舒服居住的鳥籠。

- 必要用品包含鳥籠、飼料盆、飲水器、插菜盆、澡盆，購買時須審慎評估材質與形狀。

 ## 常見的金屬製和竹製鳥籠

「只要環境舒適，我就會很有精神！」

準備養鳥用品時，最重要的是讓鳥兒能有舒適愉快的生活。

鳥籠多半為金屬材質，最近市面上出現許多顏色和形狀都很漂亮的鳥籠，能夠滿足講究居家擺設的飼主。不過，某些形狀設計會增加照料難度，建議各位選購時也要考量到便利性。日本自古就有的竹籠也充滿特色，不少愛鳥人士尤其鍾情竹籠。竹籠的功能性相當不錯，唯一讓人卻步的就是價格偏貴。

籠子底盤可以鋪放報紙，棲木則要擺放在文鳥能夠充分伸展翅膀的位置。

 ## 塑膠製用品方便清理又乾淨

飼養文鳥時，還要準備飼料盆、飲水器、插菜盆、澡盆。這類

用品可以挑選塑膠材質，不僅方便清理，也比較乾淨。

主人還可以在籠內裝設鞦韆，讓鳥兒開心玩耍。管控用溫溼度計、寵物用加熱器以及外出用寵物包，這些也都是非常有幫助的養鳥用品。

文鳥的體型變化其實並不大，所以飼養用品買回家後也不太需要換購。建議各位一開始便要精挑細選夠耐用的產品，或者不妨諮詢寵物店店員的意見。

## 挑選用品著重舒適性

### 鳥籠

只要籠子至少有長35公分、寬25公分、高35公分的大小，鳥兒生活起來就會很舒適。建議籠內空間必須大到能讓鳥兒在裡頭飛行。

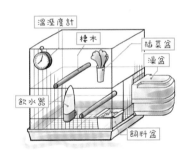

溫溼度計・棲木・插菜盆・澡盆・飲水器・飼料盆

### 飼料盆、飲水器、插菜盆、澡盆

有塑膠、木製、陶瓷多種材質供選擇，各位可以挑選自己喜愛的材質，其中又以塑膠材質的重量最輕、容易清洗且方便使用。

### 棲木

市面上較常見的材質為塑膠製與木製。考量鳥兒冬天站在棲木上可能會冷，木頭材質的表現會比塑膠製棲木更好。別忘了擺放在鳥兒能充分伸展翅膀的位置。

# 每日的照料工作，
# 一點也不難！

- 飼養文鳥時，每天的照料工作難度並不高，基本就是換水、換飼料，還有讓鳥兒洗澡。
- 注意鳥兒身體健康很重要，但文鳥本身的體質不錯，所以主人無須太過神經質。

## 每日例行照料，無須花費太多心思

對於不曾養鳥的人來說，可能較無法想像該如何照顧文鳥，但絕對不是難事。原則上每天要做的工作只有換水、換飼料以及讓鳥兒洗澡。有些飼主還會每天清理籠底，其實只要沒有「明顯變髒」，是可以不用到每天打掃的頻率。另外，最好是能每天定時讓鳥兒出籠放風自由玩耍，因為與上述的照料工作相比，這反而才是能享受與鳥寶互動的時光呢。

## 體質健朗，擅於適應亞洲氣候

文鳥原本就算是體質很健朗的鳥類，適應環境的能力也不錯。

「我比外表看起來更健朗喲！」

文鳥原產自印尼，目前日本可見的幾個品種基本上都是日本國內自行孵育長大，所以能適應四季變化，只要是健康的成鳥，冬天甚至不需要加裝保暖設備。再者，每個月的飼料費頂多就幾百塊日圓，只要接鳥

兒回家時備齊飼育用品，後續的花費並不會造成太大負擔。

　　想進一步繁殖、飼育雛鳥當然還是有難度，但如果只是飼養成鳥，文鳥絕對是很好照顧的鳥類，相信這也是文鳥的魅力所在。

## 每天做好這些工作就沒問題

| | |
|---|---|
| **換飼料** | 基本上只需要放入主食的綜合飼料，另外也可給點副食品，讓鳥兒的營養更均衡。 |
| **換水** | 就算飲水器剩下很多水，還是要養成每天換水的習慣。 |
| **洗澡** | 文鳥非常愛洗澡，建議可以每天讓鳥兒洗澡囉。 |
| **清理籠底** | 能每天清理當然最好，不過也可以依鳥糞多寡及髒汙程度來決定是否要打掃。 |
| **放風** | 鳥兒最開心的事情就是能出籠玩耍，建議主人讓鳥寶定時放風，這樣也有助加深彼此間的互信關係。 |

「我也很喜歡主人直接手餵飼料！」

# 全年的生理週期

- 文鳥隨著一年四季,身體也會出現週期性的變化,主人要依不同時期調整相處方式。
- 鳥兒大概從5月起會進入為期一個月的換羽期,接著邁入長長的繁殖期。

## 變得容易神經質的換羽期

請各位先記住,文鳥的身體會隨著一年四季出現週期性變化,所以主人要學會調整每個時期的相處方式。

文鳥每年都會有一段期間慢慢換掉身上的羽毛,換羽期多半介於5~6月。鳥兒這段期間的食慾可能比較差,或變得容易緊張,所以主人要多注意鳥寶的身體狀況。鳥兒被摸時如果有出現感覺不是很喜歡的反應,主人就要先暫停這類動作,避免對鳥寶造成壓力。

「到了春天,我就會開始換羽。」

## 因發情而改變行動模式的發情期

鳥兒在夏天會過得相對悠閒,不過9月起無論公鳥母鳥都會進入繁殖期,這段期間的鳥兒容易生氣、靜不下來,公鳥更會變得充滿攻擊性。若家中飼養多隻文鳥,發情的公鳥可能會驅逐其他鳥兒,變得很愛吵架,偶爾還會狠咬主人一口。

鳥兒的繁殖期會持續至隔年5月,結束後又再度進入換羽期。

# 每個時期的相處方式

### 換羽期

●一般而言，換羽期大致上為3月～6月，文鳥多半會在5月進入換羽期。鳥兒的羽毛並不會一次掉光，而是慢慢地脫落長出，避免對飛行造成障礙。主人可以在這段期間為其補充維生素、鈣質等營養素，讓鳥兒營養均衡，順利換羽。

### 繁殖期

●繁殖期的文鳥喜歡躲進毯子或抱枕下面，也有可能把面紙叼到層櫃上築巢。

「我進入繁殖期後，就會開始築巢。」

●就算是單養一隻母鳥，發情後仍有可能產下空包蛋。下蛋對鳥兒的身體會帶來極大負擔，甚至有卡蛋的風險，所以要盡量避免母鳥下蛋。別在籠內擺放鳥巢、別用手心包住鳥兒都是能減少母鳥發情的方法。

「這段時間我會很煩躁，就別跟我計較囉～」

# 鳥兒健康度過酷暑的訣竅

- 文鳥雖然不怕熱，可是當強烈陽光直射或室溫過高時，仍會導致鳥兒生病。
- 主人外出時，為鳥兒繼續開著冷氣會比較安心。另外也要注意鳥兒的飲用水。

## 避免陽光直射與過高的室溫

文鳥原產自地處熱帶的印尼，所以天生耐熱，夏天反而是讓鳥兒感到放鬆的季節。主人應該會看見鳥兒很有精神地到處活動。

不過，如果鳥兒是在窗邊長時間照射強烈陽光，或處於密不通風、沒有冷氣導致室溫過高的房內，還是會因此生病。

「我最愛夏天了！」

## 外出別忘設定室內冷氣

除了日光浴時間之外，籠子也得擺在不會直射陽光的位置。如果房內會變熱，建議主人外出時要繼續開著冷氣，並將冷氣溫度設定為28度。

可別心想怕鳥寶熱，外出時就把鳥籠吊在走廊或陽台遮陰處，鳥兒可能會因此遭到外界環境的貓咪、蛇、烏鴉攻擊，必須非常小心。另外，夏天籠內的水較容易腐臭或乾涸，幫鳥兒準備飲用水時也要多加留意。

# 夏天的照料重點

- 冷氣設定28度

- 鳥籠擺放在不會直接照射到陽光的位置

- 冷氣或電風扇不可正對著籠子

- 避免籠內飲用水腐臭或乾涸

- 洗澡次數可以比其他季節再多幾次

## 注意鳥兒張嘴呼吸！

當室內太熱，鳥兒可能會張開嘴喙、呼吸急促，這個現象稱為張嘴呼吸，代表鳥兒的體力正逐漸消耗。一旦發現鳥寶出現上述情況，就必須逐漸降低室溫。

「天熱就會想洗澡呢！」

# 不喜歡又冷又乾的冬天

- 文鳥非常不耐寒。老鳥及剛出生的雛鳥體力較差，冬天要為鳥兒做好保暖措施。
- 冬天也要注意室內的溼度管控，必要時需要加溼，讓環境維持在適當溼度。

## 高齡文鳥須做好防寒措施

文鳥的故鄉是高溫多溼的熱帶，所以不太能適應又冷又乾的冬天氣候，但文鳥本身對於環境的適應力極高，只要是健康成鳥，冬天並不需要特別的保暖措施。不過，當鳥兒來到7、8歲，體力多半會變差且不耐寒，這時就要養在暖房保溫，或是在籠內裝設加熱器。另外，出生6個月內的文鳥也較難適應寒冷環境，主人也要記得為小鳥做好保暖喲。

「這裡最暖和了……」

## 春秋兩季飼育重點在於溫差

各位一定要特別注意初春與晚秋的早晚溫差。人在氣溫變化大的時期容易感冒，鳥其實也一樣，會變得容易生病，有些老鳥甚至會因此喪命，所以必須隨時留意。

冬天除了冷，還要注意乾燥問題。適合成鳥的環境溼度為50～60％，雛鳥則是70～80％。溼度的管控相對容易，只需要擺放加溼機即可。此外，在室內吊掛洗好的衣物也能增加空氣中的溼度。

# 冬天的照料重點

- 飼養老鳥或雛鳥時，溫度不得低於20度

- 溼度須維持在50～60%（雛鳥為70～80%）

- 頻繁確認溫溼度

- 鳥籠擺放在不會有冷風竄入的位置

- 洗澡一定要用冷水，不可換成熱水

### 暖冬可能提早迎來換羽期

若冬天室溫變暖，鳥兒可能會誤以為已經邁入春天，並開始換羽。換羽次數增加會消耗鳥兒的體力，更要留意老鳥的保暖措施，即便情況不得已，還是要為鳥兒做好保暖喔。

好、好冷啊～

「我討厭冷天氣。」

63

# 文鳥很懂吃，
# 最愛青菜和水果

- 文鳥除了喜歡主食的穀物，也很愛青菜和水果，餵食時要考量營養的均衡。
- 內含所有必需營養素的滋養丸雖然已是主流飼料，但並非每隻文鳥都愛滋養丸。

##  每日的飼料原則是一大匙

想為鳥兒把關好健康，最基本的就是每天的飲食。

文鳥的飼料主要是寵物店販售的綜合穀物，裡頭多半參雜小米、稗子、黍粟、加那利子等4類種子，有時也會添加米粒。文鳥又有「稻鳥」之稱，非常喜歡吃稻米。飼主可在綜合穀物裡加入牡蠣殼粉末，為鳥兒補充鈣質。

以文鳥來說，每天給予7克的飼料量（一大匙）就非常足夠。不過如果鳥兒很容易把飼料撒得到處都是，建議可稍微增加分量。

「真是好吃♪」

## 副食品以青菜和水果為主

飼主可另外準備小松菜、青江菜、豆苗等青菜作為副食品。這些青菜有助於健康，建議每天餵食。文鳥也很喜歡橘子等水果，但這類高水分的水果吃多了身體容易寒涼，每週餵食一次即可。

市面上還可以買到將穀物磨粉並添加必需營養素製成的滋養

丸，內含鳥兒所需的完整營養，主人甚至不用另外給予青菜或牡蠣粉，但大多數的文鳥似乎都不太感興趣。若鳥兒不愛吃，主人也別勉強牠囉。

## 每天餵食飼料

**次數**　每天都要換一次飼料。建議早上換飼料，還能順便確認鳥兒的健康狀況。

**餵食量**

成鳥每天的食用量大約是 7 克（一大匙），但未滿 1 歲的文鳥很能吃，食量可是成鳥的 2 倍。邁入老年的文鳥食量也比較大，飼主可根據飼料剩餘量做調整。

> 每天都要幫我換成新的囉！

**飲用水**

可連同飼料每天換一次。鳥兒可以喝礦泉水這類軟水，當然也可以直接給自來水。

「好愛吃青菜〜」

**65**

# 要注重生活步調

- 想讓鳥兒身體健康、沒有壓力，祕訣就在於生活步調要規律。
- 野生文鳥雖然會隨日出日落的時間作息，但寵物文鳥多半能配合主人的作息步調。

##  每天規律的生活步調很重要

「我們要規律生活喔！」

文鳥喜歡規律的生活，所以主人要注重每天的步調，這也是想讓鳥兒身體健康、沒有壓力的祕訣。

野生文鳥會日出而作、日落而息，主人要思考該如何規劃鳥兒一天，讓生活步調盡量維持的同時，也能稍微配合主人的作息。文鳥的適應力極佳，只要不是強迫鳥兒整晚熬夜，基本上都能配合人類的生活模式。

##  照料時間應每日固定

雖然說文鳥的適應力很強，各位還是要盡量在固定的時間照料鳥兒。舉例來說，平常明明都固定傍晚放風，但為了讓來家中作

客的朋友能夠欣賞，便在半夜吵醒鳥寶的話，可是會打亂鳥兒的生活步調。

　　許多飼主在放假時應該都會想盡情地和鳥兒互動。只要太陽還沒下山，整天讓鳥兒放風也沒問題，但如果不同於以往的生活模式，就要仔細觀察文鳥的狀況，千萬別勉強鳥兒。

## 規律作息很重要

### 早上

起床時間請設定為 6 點～8 點。早上做點日光浴，鳥兒也會開始活蹦亂跳。利用這段時間幫鳥兒換水換飼料。小鳥吃飽後就會開始理毛，別忘了在中午前做好讓鳥寶洗澡的準備工作喲。

### 中午

鳥兒會用吃飼料、理毛、睡回籠覺來打發白天的時間。青菜容易讓鳥兒身體寒涼，建議挑選一天最溫暖的中午期間餵食。

### 傍晚～晚上

照理說，文鳥日落就該睡覺，但養在室內的話，傍晚也會非常有活力。建議晚上 9 點前就要為籠子蓋布，讓鳥兒就寢。雖然不用刻意壓低電視或講話聲，但要避免籠子震動影響到鳥兒。

# 預防鳥兒走失的對策

- 我們總會聽到因為某些原因導致文鳥飛失的意外，各位要記住放風時務必緊閉家中門窗。
- 萬一鳥兒不慎飛出去，請繼續保持窗戶敞開，並立刻搜尋住家周圍。

##  走失在外往往凶多吉少

「一定要把我顧好喲！」

飼養文鳥最重要的事情之一，就是別讓鳥兒飛失。我們總會聽到因為某些情況導致文鳥飛失找不回來的意外。

有些文鳥飛到其他人的家裡或庭院後，得以被暫時安置，若原飼主不積極尋找，這些中途收留鳥兒的人甚至會直接晉升為新主人。對文鳥而言，這其實是非常幸運的事，因為寵物文鳥非常難獨自在戶外存活。

##  絕對禁止放風時開窗

主人不希望文鳥飛失的話，就要記住放鳥兒出籠時，門窗必須緊閉。這道理大家都懂，但有時客人來訪，或是想說把曬好的衣服收進來，就會不經意地直接打開門窗。因此不只提醒

「我在外面會活不下去啦⋯⋯」

自己，也要告知其他家人鳥兒正在室內放風，請大家共同留心。

　　萬一鳥兒不慎飛出去，這時請繼續開著窗戶，並盡快搜尋住家周圍。愈快開始找，找到的機率會比較高。

## 尋找飛失的文鳥

### 搜尋住家周圍

萬一鳥兒飛到外面，要繼續開著窗戶，讓鳥兒自行返家時能夠入內，同時間也要搜尋住家周圍。飼養的文鳥其實不會飛太遠，基本上會在住家附近徘徊，所以尋找時要多留意窗邊、玄關、陽台這幾個地方。

### 詢問街訪鄰居

文鳥走失後，可能會因為害怕亂飛入其他人的家中。飼主不妨告知鄰居鳥兒飛失一事，這樣如果對方看到鳥兒時，就能代為安置並予以聯繫。

### 張貼尋鳥傳單

張貼印有鳥寶名字、照片、飛失日期和主人電話的傳單，拾獲鳥兒的人或許就會主動聯絡。

### 向派出所報備

找到鳥兒的人也有可能把鳥寶當成遺失物送至派出所，所以請向離家最近的派出所報備。報備時可以順便附上尋鳥傳單。

# 排除鳥兒身邊的潛藏危機

- 首先要杜絕貓咪、蛇、老鼠、烏鴉等天敵靠近鳥兒。
- 部分觀葉植物對鳥兒有害，放風時容易造成危險，請勿擺放或記得將這類植物移除。

 ## 一級警報，小心天敵出沒！

飼主要對會造成危險的事物採取預防措施，以免悲劇發生。

如果將鳥籠吊在陽台或走廊等開放空間，可能會遭到意想不到的外敵襲擊。除了野貓會造成危險，烏鴉也可能飛來，並用嘴喙朝籠內啄。對文鳥而言，老鼠和蛇也是相當可怕的天敵，主人同樣要多加留意。

已經有養貓狗的讀者可能也會想要養文鳥，但關於這點必須謹慎考慮。如果是趁貓咪還小的時候就一起養，彼此的感情或許會很好，但還是有不小心傷害鳥兒的風險。如果要避免這類悲劇發生，不要同時養貓咪和文鳥才是最保險的方法。狗狗雖然相對比貓咪安全，但仍有可能不小心踩踏到鳥兒，請同時養狗、鳥的飼主多加留意。

「不要擺放危險物喲！」

**慎選觀葉植物**

　　觀葉植物是室內容易被忽略的
危險物。文鳥停在觀葉植物上的
模樣如畫般美麗，但其實不少觀
葉植物的葉子對鳥兒有害，建議
各位在放風時先暫時收起，或乾
脆不要擺放。

「再怎麼小心也不為過！」

　　另外，也可能發生煮飯時鳥兒
飛來導致燙傷，或是一個不注意踩到在地上的鳥兒，甚至會因為
開關門窗夾傷鳥兒，都要特別小心這類意外。

## 注意這些意外！

- ●遭天敵襲擊
  貓咪、蛇、烏鴉、老鼠之外，倉鼠、松鼠、雪貂也都有
  可能襲擊文鳥。

- ●不小心踩到在地上的鳥兒

- ●放風時主人打起瞌睡，一個翻身壓到鳥兒

- ●煮飯時鳥兒飛到鍋爐裡，導致燙傷

- ●啃咬觀葉植物，引發中毒

- ●和主人一起洗澡，結果溺水

- ●放風時飛入馬桶而溺水

- ●開關門窗時，不小心夾傷鳥兒

- ●小孩太用力握捏鳥兒

# 鳥巢不是必備品

> - 是否要在籠內設置鳥巢，其實看法非常分歧，建議各位依情況自行判斷。
> - 如果不打算讓鳥兒繁殖，就不需要擺放鳥巢，否則可能導致鳥兒生下空包蛋。

##  觀點1：能讓鳥兒感到安心

針對是否該擺放草編鳥窩這類能讓文鳥放鬆的用品，看法其實相當分歧。不少愛鳥人士提到，文鳥看起來會很開心地跑進鳥巢，晚上也能夠在裡頭安心睡上一覺，認為「有擺放的必要」。

「待在巢裡好放心。」

就視覺外觀來看，擺放鳥巢確實能讓鳥籠看起來比較不那麼突兀，文鳥窩在草編鳥窩裡的模樣亦是可愛。

## 觀點2：提高母鳥生下空包蛋的機率

然而，擺放鳥巢也有個缺點。如果沒有繁殖下一代的打算，擺放鳥巢就會導致鳥兒生蛋，就算只有單養一隻母鳥，也是有生下空包蛋的可能。生空包蛋是非常傷鳥兒身體的事，為了文鳥的健康著想，應盡量避免。此外，鳥兒也會在鳥巢大便，如果不頻繁

打掃清潔，環境會變得不衛生。

　　總結來看，擺不擺放鳥巢並沒有定論，也絕非必要。如果主人想讓鳥兒繁殖，或是有自信能維持巢內整潔，當然可以選擇擺放鳥巢，除此之外還是建議新手飼主盡量不要擺放。當鳥兒邁入高齡，不必擔心會誘發下蛋的話，這時也可以考慮為鳥寶放個鳥巢。

# 評估鳥巢的必要性

## 可以考慮擺放

● 想讓鳥兒繁殖

● 已是老鳥，不會下蛋

※上述兩種情況還是要勤於
　打掃，維持整潔。

## 建議不要擺放

● 不打算讓鳥兒繁殖

● 不想讓鳥兒生下空包蛋

● 不想隨時隨地都在清理打掃

「我很喜歡狹窄的空間喲……」

「窩在裡頭果然很放鬆呢……」

# 不可以用手指著鳥兒

- 一旦有尖物朝向文鳥，鳥兒會以為自己即將遭受攻擊，所以要避免手指或用筆指著鳥兒。
- 有些文鳥會害怕很鮮豔的顏色或幾何圖形。若發現鳥兒不喜歡，就要避免讓鳥兒接觸。

 ## 帶有攻擊性的舉動

「我也是有很多不喜歡的事物喔。」

讓文鳥在室內玩樂時，鳥兒可能會對某種物品感到害怕或厭惡。當鳥寶出現類似反應，就表示牠覺得有壓力，那麼主人就要撤除會讓鳥兒害怕或厭惡的物品。

文鳥將嘴喙朝向對方時，就表示帶有敵意，隨時都會做出攻擊舉動。也因為這個習性，鳥兒很討厭有尖物指向牠，當我們不經意地手指向鳥兒，鳥兒可能會生氣並開始做出威嚇行為，甚至朝人啄來。鳥兒肯作勢攻擊還好，就怕嚇到失神生病，所以要隨時留意，別用手指、筆尖或是筷子指著文鳥。

## 對顏色和圖形的喜好大不相同

文鳥對顏色的喜惡不同，一般而言比較不喜歡鮮豔的顏色。鳥兒可能會對室內擺設的顏色反感，也有可能因為牠不喜歡主人身穿的衣服顏色，而不願意接近主人。

另外，據說許多文鳥都很討厭幾何圖形。其實鳥兒對於事物的喜惡自小就受飼養環境的影響，每隻鳥也有個體差異。各位只要記住，拿走鳥兒會害怕的物品，仔細觀察鳥寶的模樣，為牠打造一個能安心生活的環境吧。

## 小鳥討厭這些東西

### 尖銳物

尖銳物指向鳥兒時，牠會覺得遭受威脅。

### 色彩鮮豔的物品

不少文鳥似乎都很怕鮮豔的紅色及藍色（但每隻鳥兒情況不一），有些甚至會怕家具、擺設物品以及主人身上穿的衣服。

### 幾何圖形

據說很多文鳥都不愛幾何圖形，不過也有完全無感的個體，有些則能慢慢適應原本害怕的幾何圖形。

我其實很怕的……

「不怕不怕！」

# 飼養多隻文鳥的祕訣

- 除非已經配對成功，否則文鳥彼此之間一定會保持相當的距離，太過靠近時就會吵架。

- 如果想和鸚鵡等其他種類的鳥兒一起飼養，就必須做好分籠等各方面的評估。

##  圈地意識強烈

「大夥兒正在唱歌呢！」

熟悉飼養工作後，有些主人可能會想要增加鳥口數。光是腦中想像文鳥們一起玩耍的模樣，確實會讓人嘴角上揚。

然而，文鳥的圈地意識頗為強烈，且性格強勢，多隻飼養務必多加留意。

除非是已經成功配對的鳥兒，否則彼此還是會做出威嚇或攻擊動作，就連父母孩子或兄弟姐妹間也會吵架。放風時，較弱勢的一方可以拉開與其他鳥兒的距離，所以不會有太大問題，但原則上還是要一鳥一籠飼養。當然也可以為鳥兒準備空間寬闊的鳥舍，不過一般家庭應該是較難實現。

##  與鸚鵡一起飼養，須保持距離

相信也有飼主想把文鳥和其他鳥類一起飼養。這其實和同時養

多隻文鳥一樣，文鳥可能會認為自己比較強勢，對鸚鵡頻頻做出攻擊動作。尤其是手養長大的文鳥會誤以為自己是人類，自認地位比其他鳥兒更高。

不少愛鳥人士會同時養著文鳥與鸚鵡，鳥兒間個性合不合無法一概而論，但只要能分籠飼養，基本上就不會有太大問題。

## 提供一個鳥兒不會吵架的環境

### 飼養多隻文鳥的祕訣

- 彼此容易吵架，建議分籠飼養。較強勢的鳥兒可能會霸占飼料。

- 父母孩子間也會吵架，當雛鳥學會自己吃飼料後，就該分籠飼養。

- 放風時一起玩耍不會有大問題。

### 同時飼養其他鳥類時

- 文鳥可能會攻擊金絲雀或其他雀鳥。

- 文鳥和鸚鵡的感情並沒有非常好，但基本上只要分籠還是能同時飼養。

- 文鳥與鴿子類似乎比較合得來。

## 文鳥其實不怕寂寞

有些飼主可能會以為鳥寶孤獨一隻鳥很寂寞，想要找個伴陪牠，但其實不太需要擔心。野生文鳥的確是群居生活，不過仔細觀察，還是會發現牠們彼此間還是保持著距離。只要主人好好愛鳥兒，鳥兒也不會因為只有自己一隻就感到寂寞喲。

# 文鳥可以自己看家多久？

---

- 鳥兒自己在家 1 天基本上沒什麼問題，不過還是要多加留意，預防意外發生。
- 鳥兒可以自己待在家 3 天 2 夜，若主人外出天數較長，建議委託可信任的朋友照顧，或寄放在寵物旅館。

---

 ## 事前做被準備，預防意外

「要早點回家喲！」

打算養文鳥的人應該會想知道，鳥兒可以自己待在家多長的時間。鳥兒自己在家一天基本上不會有什麼問題，但主人務必養成出門前更換飼料及飲用水的習慣。或許會有讀者認為，鳥兒自己在家時不要關籠，以免壓力累積，但這可能會使鳥寶遭遇到腳卡在地毯拔不出來、吃到有毒的東西、在馬桶溺水等意想不到的事故。除非主人能準備一間鳥兒「專屬房」，否則外出時還是要將鳥寶關籠。炎熱夏日的白天室溫也會升高，外出時別忘了開著冷氣。

## 以不超過三天兩夜為原則

如果主人需要出差或外出旅行，基本上讓鳥寶自己待在家裡兩晚都不成問題。不過要記得多準備一組飼料盆和飲水器，並增加

飼料量及水量，也可以考慮擺放自動餵食器或飲水器。可是必須在外住宿超過三晚時，就要委託可以信任的朋友照顧，或考慮寵物旅館、寵物保母。

## 為鳥兒提供安全的看家環境

### 只有1天

- 基本上只要在早上替換飼料和水即可。

- 冬夏季節要注意室溫。

- 讓鳥兒留守在籠內，看家較安心。

- 主人返家後，盡可能讓鳥寶出籠放風。

### 不超過3天2夜

- 成鳥可以自己待在家，但高齡文鳥就比較困難。主人請依照鳥兒平時的健康狀況判斷。

- 增加飼料盆或飲水器的數量，也可以使用自動餵食器或飲水器。

### 3天以上

- 使用自動餵食器或飲水器可以解決餵食問題，但鳥兒待在3天沒有清理過的狹窄籠內，還是有可能產生極大的壓力。

- 委託可信任的朋友照顧，或考慮寵物旅館、寵物保母。

# 透過玩耍，
# 了解鳥兒的內心話

- 主人能和文鳥玩樂，彼此一定都開心無比。透過玩樂才能加深彼此的互信關係。
- 每隻文鳥感興趣的事物不同，各位不妨多多觀察，找出鳥兒喜歡的玩樂方式。

 ## 和文鳥大玩特玩吧！

　　對飼主而言，和文鳥一起玩樂時會非常寧靜放鬆。能夠藉由互動玩樂更懂得彼此，加深互信關係，這絕對是至高無上的喜悅。即便只是讓鳥兒站在手上，這樣的身體接觸就會讓人非常愉快，甚至覺得時間怎麼過那麼快。各位與鳥兒逐漸熟悉後，不妨開始想想各種互動遊戲。

 ## 找出鳥兒感興趣的事物

　　和文鳥一起生活後，應該就能慢慢找到鳥兒喜歡的玩樂方式。有些鳥兒會開心地去啄眼前飄來飄去的面紙，有些鳥兒喜歡叼著棉花棒走來走去，有些鳥兒則會一直盯著晃來晃去的電線，每隻文鳥感興趣的事物都不同。甚至有些文鳥喜歡站在電腦鍵盤上，或是啄手機按鍵。各位不妨仔細觀察鳥寶平時的模樣，找出能和鳥兒同樂的方法。

　　主人們或許希望鳥兒學會一些才藝，但教鳥就跟教狗一樣，難度頗高。各位可以先讓鳥兒空腹，出籠放風時再吹口哨呼喚，接著餵食飼料，慢慢地鳥兒只要聽到口哨聲就會飛來。

# 和文鳥玩耍

鳥兒熟悉主人後，還會做出這樣的姿勢

鳥寶拿到棉花棒總是很開心

最喜歡站在鍵盤上！

對手機也很感興趣呢

最愛啃雜誌了

對杯子也充滿興趣

**81**

# 意外地很愛洗澡？

- 洗澡不僅能維持文鳥健康、消除壓力，還能保有漂亮的羽毛，對鳥兒而言非常重要。
- 原則上每天洗 1 次澡，夏天則可增為 2 次。

## 養成每天洗 1 次澡的習慣

文鳥非常喜歡洗澡，喜歡到只要水盆裝水就會立刻飛衝而入。洗澡不僅能維持文鳥健康、消除壓力，還能讓羽毛有光澤，對鳥兒而言非常重要。原則上每天讓鳥寶洗 1 次澡，夏天則可增為 2 次。洗太多次澡可能會導致鳥兒生病，飼主也要多加注意。文鳥洗澡時會把水潑得到處都是，鳥籠可能變得溼答答，建議可在打掃前讓鳥兒洗澡。適合洗澡的時間為早上 10 點至中午的白天時段，夏天可於下午讓鳥兒多洗 1 次澡。

「我在主人手心也能洗澡啦！」

## 生病期間切勿洗澡

文鳥不舒服時可能會不肯洗澡，這時主人可別勉強鳥兒下水。各位或許會想讓鳥兒冬天洗熱水澡，但這可是絕對禁止的行為。

鳥兒亮澤的羽毛覆蓋著油脂，若用熱水洗可會沖去這些油脂。

順帶一提，鳥兒洗完澡後會開始理毛，可愛到不行的模樣讓人怎麼看都不會膩。

## 養成洗澡的習慣吧

### 每天 1 次為原則

- 每天讓鳥兒洗 1 次澡，夏天則可增為 2 次。

- 上午充滿活力的時段（10 點～中午左右）適合洗澡，夏天則可在下午鳥兒還很活潑時再洗 1 次。

> 好舒服啊！

### 絕不可用熱水

- 熱水會洗掉羽毛上的油脂，所以寒冷季節也要讓鳥兒洗冷水澡。

### 流理台洗澡也沒問題

- 可以在籠內擺放澡盆，也可以直接在廚房流理台或浴室洗手台打開水龍頭，讓鳥兒沖沖澡。

「洗澡後我會理毛喔。」

# 享受與鳥兒的外出時光

- 外出過程間，盡量不要造成鳥寶壓力。
- 外出時，請將籠子或外出箱放在包包裡，另外也請注意要盡量減少晃動。

##  準備小型鳥籠，出外更方便

「雖然我不太喜歡出門……」

如果要將鳥兒寄放在別人家中或是去醫院看診，就必須帶鳥寶外出。外出移動本身其實會造成鳥兒壓力，所以主人要設法減輕壓力。

帶著鳥兒連同飼養籠一起外出會太過龐大笨重，建議準備個小型竹籠比較方便，當然也可以使用專門的外出箱。但無論哪種類型的籠子，都要能整個擺入包包裡，或是用布遮蓋住，因為鳥兒看不見外面的風景情緒才會比較平穩。

##  減少晃動是關鍵

外出時也要盡量減少晃動。搭乘電車或汽車時，主人最好能將外出籠放在大腿上。

　　只要鳥兒在出門前有吃飼料及喝水，那麼可以3小時不進食飲水。若外出時間超過3小時，則須途中給予食物及水分補充。

　　雖然要盡量避免鳥兒長時間移動，但真的無法避免時，就要在移動過程中細心觀察鳥寶身體狀況有無變化。

## 減輕鳥兒移動的負擔

### 使用小型鳥籠或外出箱

鳥籠或外出箱的尺寸要盡量小一些，才能減少事故的發生，且每個箱籠只能放一隻鳥。若外出時間不長，可以不用準備飼料及水。

### 不讓鳥兒看見周圍風景

各位可將鳥籠或外出箱放入包包裡，也可以用布覆蓋，別讓鳥兒看見周圍的風景。

### 盡量避免晃動

手持箱籠時注意不可搖晃，搭電車或汽車時也要避免太大的晃動。

「還是待在家裡最棒了！」

我最會跳躍了！

「大夥兒一起享用美食！」

「這是什麼啊……？」

「我們沒吵架，是在玩喲！」

「嗯？你在叫我嗎？」

## 第3章
# 與文鳥增進感情

chapter.3

## 36 ～ 50

最後的章節，讓我們來仔細研究
如何讓人鳥生活得更幸福。

# 從雛鳥養起，樂趣多多

- 鳥兒從小養起會很親近主人，雖然照顧上會比較辛苦，但只要條件允許還是希望飼主能挑戰看看。
- 飼養前要先了解溫溼度的管理，以及如何提供鳥兒規律的生活步調等必備知識。

## 從小養的鳥兒加倍親人

若要說文鳥從小養有什麼魅力，其中一個應該會是非常親人，將主人視為伴侶吧。人類養小孩雖然充滿喜悅，卻也相當辛勞，飼養文鳥的雛鳥也一樣，如果不細心呵護，可是很難健康長大的喲。

「我可是會愈長愈大喲！」

以出生2～3週的雛鳥來說，這段時間的鳥寶必須用餵食器餵飼料，每2小時一次，一天要餵6次左右，所以想養雛鳥的人必須有隨時陪在鳥兒身旁的心理準備。

## 享受鳥兒成長茁壯的喜悅

想要把雛鳥健康養大，溫溼度管理可說非常關鍵，須準備的飼養用品也跟成鳥不同。對雛鳥來說，依照日出日落的規律生活作息也很重要，飼主務必遵守一天的飼養時間表。

只要飼養環節有個失誤，鳥寶可能會因此喪命，過程中必須十

分謹慎，對飼主而言雖是很大的負擔，卻也能享受鳥兒成長茁壯的喜悅。只要時間及環境允許，希望各位能從雛鳥開始養起。

## 飼育健康雛鳥的重點項目

### 做好溫溼度管理

出生不滿1個月的雛鳥環境溫度必須維持在30度，鳥寶換羽前的環境適溫則為25度。溼度須維持在60～80％。可用加熱墊或溫控器控制溫度，溼度則是用沾水的毛巾來調整。以日本為例，5月和9月溫度相對暖和、溼度宜人，是較容易飼育雛鳥的時期。

### 確保飼育環境的安全

不可將鳥兒擺在會接觸到貓狗等其他寵物的位置，也不要擺在容易受人進出影響的地方。

### 訂出飼養時間表

固定起床和睡覺的時間，不同階段的餵食次數和時間也會改變。

「要好好照顧我喲！」

## 如果無法陪伴鳥寶給予照顧……

若是飼養出生5～6週，已經開始學吃的雛鳥，那麼主人只需要早晚手餵1次飼料即可。這時鳥兒會開始意識到主人是自己的伴侶，所以飼主和文鳥間同樣能建立非常親密的關係。

**89**

# 挑戰繁殖

- 出生 10 個月～3 歲大的文鳥繁殖成功率較高，春天與夏天較適合繁殖。
- 繁殖的過程為配對→生蛋→孵蛋，文鳥的孵蛋期約為 16 天。

## 非換羽期都有繁殖機會

「我會生很多蛋喲！」

如果具備正確的知識，其實讓文鳥繁殖並非難事。各位不妨打理好飼育雛鳥的環境，來挑戰繁殖吧。只要是非換羽期，文鳥一年四季都能繁殖，不過考量下蛋與孵蛋時的舒適度，以及飼育雛鳥的環境條件，建議各位挑選春夏兩季讓鳥兒繁殖。文鳥適合繁殖的鳥齡則為出生 10 個月後至 3 歲左右。

## 孵蛋為期 16～20 天

鳥兒配對成功後，會歷經配對、生蛋、孵蛋過程。配對會是一開始遇到的最大難關，主人們要有耐心，慢慢增加鳥兒的相處時間，讓公母鳥熟悉彼此。鳥兒配對成功，

「配對可是鳥生大事呢。」

開始同居後，只要飼料供應量充足、環境適合繁殖，公母鳥就會交配。母鳥每天下1顆蛋，通常會產下5～8顆。文鳥孵蛋期為16～20天，鳥爸媽會輪流孵蛋。相信各位一定非常引頸期盼，但還是要耐心等到鳥蛋孵化，過程中不要打擾牠們嘍。

## 如何讓鳥兒順利繁殖

### 配對

● 如果配對不順利，可以將公母鳥的鳥籠相鄰擺放，或是相同時間放風，慢慢拉長彼此一起相處的時間，讓鳥寶們逐漸熟悉對方。

● 除了平常的飼料，還可添加青菜、牡蠣粉、蛋黃粟、水煮蛋黃等營養食物以促進繁殖。

### 生蛋

● 只要飼料供應量充足、環境適合繁殖，公母鳥同居後就會交配，要記得在籠內擺放鳥巢嘍。

● 母鳥會在早上6～8點之間下蛋。母鳥窩在鳥巢時，如果人類一直去偷看或動到鳥巢，牠可是會拒絕下蛋。

● 順帶一提，母鳥下完蛋後會排泄出一坨很大的糞便。

### 孵蛋

要再等一下下嘍！

● 產下3～4顆蛋後，文鳥就會開始孵蛋。這時必須將鳥籠擺在不會受噪音或震動影響的位置。

● 盡量不要偷看鳥巢內的情況，當然更不能摸鳥蛋。

● 可改成鳥爸媽各自放風。

# chapter.3
## 38 雛鳥出生後

> ● 剛出生的雛鳥大約只有2克重，不過鳥兒的成長速度驚人，1個月就會長至成鳥的大小。
>
> ● 想要讓鳥寶學會上手的話，可在出生12天左右將鳥兒從鳥窩取出。

### 既開心又辛苦的育鳥日子

引頸期盼的鳥寶寶終於誕生了。很難形容雛鳥出生時的感動，不過接著就會邁入辛苦的育兒之路。剛破蛋的雛鳥只有2克重，全身光溜溜沒有羽毛，不過只要1個月就會長至成鳥的大小。這段時間的雛鳥必須吸收非常多的養分，而鳥爸媽會將胃裡頭的食物反芻餵食雛鳥們。

各位應該都有在外面看過鳥巢裡的燕子寶寶張嘴等鳥爸媽餵食捕捉來的食物，而文鳥也會有相同的行為喲。

「我是不是很可愛啊！」

### 育雛中的鳥爸媽很敏感

平常很黏主人的鳥寶在育雛時可能會不理主人，主人靠近時甚至會做出威嚇行為。這其實都是鳥兒的本能，請各位靜靜地在旁呵護牠們。想要鳥寶學會上手的話，可在鳥兒出生第12天，差不多睜開眼睛的時候將其從鳥窩取出。

## 供應鳥寶寶大量營養

### 孵化

- 可根據是否掉出蛋殼、鳥媽媽離巢、聽見雛鳥叫聲來判斷鳥蛋是否順利孵化。

剛出生

出生10天

- 空包蛋無法成功孵化。用電燈或燈泡照射，若蛋中的血管明顯就代表是受精蛋。空包蛋（無精蛋）的蛋黃形狀清晰，且看不見血管。

### 育雛

- 必須供應鳥媽媽大量養分，餵食內容可比照繁殖期。

- 鳥爸媽這段時間還是可以洗澡。鳥兒羽毛乾得快，無須擔心會害雛鳥著涼。

- 若鳥爸媽健康狀況不佳或雛鳥數過多，都有可能會放棄哺育。遇到這種情況時，主人必須將雛鳥從鳥巢取出，自行手養飼育。

「我會愈長愈大！」

# 掌握條件，
# 避免繁殖或孵化不順

- 只要食物、環境、鳥兒健康狀況三個條件缺一，文鳥就很難順利繁殖及孵化，所以主人務必逐一檢視。
- 另外還要挑選適齡的文鳥，剛出生或超過4、5歲的文鳥成功繁殖機率較低。

## 確認食物、環境和鳥兒健康

食物、環境和鳥兒的健康狀況關係著是否能成功繁殖及孵化，遺漏了其中一項就有可能失敗。因為一直無法盼來鳥寶寶而感到難過的不單只有主人，對於文鳥本身肯定也很煎熬。繁殖不順利的時候，主人要逐一檢視條件，讓鳥寶能夠順利繁殖喲。

文鳥原本就很敏感，尤其是繁殖或孵蛋時更容易有壓力。一旦有壓力，繁殖和孵蛋過程就會出現障礙，主人們想必會很擔心，但只要食物及環境條件確定沒有問題，就要避免過度干涉鳥兒。

「別給我壓力喔。」

## 避免老鳥下蛋才是上策

挑選適齡文鳥做為鳥爸媽其實很重要，出生10個月後至3歲左右的文鳥最為合適。超過3歲的文鳥也能繁殖，但成功機率較低。各位或許會想讓養了幾年的文鳥生寶寶，但「高齡生產」對鳥兒身體負擔很大，能不要就該避免。

## 如果遇到這些情況……

### 不肯繁殖

●是否營養不足？

鳥兒不肯繁殖有可能是營養不足。小米添加雞蛋蛋黃乾燥製成的蛋黃粟是常見的促進發情用飼料。市面上都買得到，各位也能自行製作。另外還要多供應加那利子、尼日子、高粱等飼料，牡蠣粉也有助繁殖。在飲用水裡添加維生素同樣能改善營養不足。

●是否尚未進入繁殖期？

文鳥若沒有按照一年四季的日照時間生活作息，要發情會很有難度。白天處於昏暗房內，到了半夜室內還燈火通明都是讓鳥兒無法順利發情的主要原因。想讓鳥兒繁殖的話，就要遵循日照時間生活。

●環境是否完備？

擺放穩固的棲木能讓鳥兒交配更順利，成功機率當然就會增加。

### 不肯孵蛋

●是否為空包蛋？

空包蛋（無精蛋）無法孵出小鳥。鳥兒下蛋幾天後，可以擺在電燈或燈泡下確認看看，若能看見血管就是受精蛋。不過，檢查鳥蛋可能會弄破蛋或是害鳥爸媽受到驚嚇，所以並非絕對必要。

●鳥兒是否有壓力？

文鳥感受到強烈壓力時，可能會拒絕孵蛋。建議將鳥籠擺在震動較少、不會人來人往的位置，盡量降低對鳥寶造成的壓力。為鳥兒打理好環境後，溫柔地默默守護也相當重要喲。

# 挑選健康雛鳥的訣竅

- 建議各位前往店員能給予意見，且環境乾淨整潔的寵物店挑選鳥兒。
- 雛鳥出生2週後就會擺在店內販售，挑選時要檢查鳥兒的身體大小、活動度及各個部位，仔細確認鳥寶寶是否健康。

## 嚴選值得信賴的寵物店

想要手養雛鳥其實無須自己繁殖，各位也可以去鳥店或寵物店購買鳥寶寶。挑選健康雛鳥時有幾個確認要點。

「我很嬌小，卻很有自己的個性。」

首先，一定要挑選可信任的寵物店。各位可以觀察店內是否乾淨整潔？文鳥寶寶是否和鸚鵡等其他種類的雛鳥放在一起？如果店員很懂文鳥，能給予許多意見的話，也會讓人更加安心。

## 領養雛鳥的檢查事項

寵物店會擺出出生2週後的雛鳥販售，各位在挑選時可和同期出生的其他雛鳥做比較，從身形大小、活動度、眼睛、雙腳、屁股狀態確認鳥兒是否健康。

除了向寵物店購買雛鳥，也可以向人領養鳥寶寶。不過領養時同樣要仔細確認鳥兒有無生病徵兆，檢查沒問題後再帶回家。

# 如何挑選健康的雛鳥

## 身體

- 比其他雛鳥大隻
- 嗉囊不會發紅
- 眼睛炯炯有神
- 雙腳有力
- 無缺趾
- 屁股乾淨

要仔細挑選喲！

## 活動度

- 活潑有精神
- 會靠近人

---

### 每個品種的特徵

寵物店可能會販售不同品種的文鳥，外觀的基本辨別方式大致如下。

| **白文鳥** | 淡粉色嘴喙。<br>羽毛為全白色，或背部帶點淡灰色。 |
| **黑文鳥**（櫻文鳥） | 黑色嘴喙。<br>羽毛為帶棕的灰色，尾羽則是黑色。 |
| **肉桂文鳥** | 淡粉色嘴喙。羽毛為淡棕色。 |
| **銀文鳥** | 黑色嘴喙。羽毛多半為淡灰色。 |

「要好好觀察眼睛喔！」

# 小小的雛鳥，
# 如何健康養大？

- 飼養雛鳥最重要的是溫溼度管理，一旦管理不當，就可能害鳥寶失去生命。
- 骨骼發育好壞取決於雛鳥期的營養攝取，要為鳥兒好好準備食物飼料。

 ## 只要沒有大疏失，鳥寶都能健康長大

主人看著雛鳥嬌小的身軀，微弱鳴叫的模樣應該都會覺得弱不禁風，很擔心「是否真能把牠養大」。文鳥的雛鳥看起來很弱小，實際上卻很強健，只要不是太誇張的疏失，鳥寶都能健康長大。

飼養雛鳥的過程中，一定要徹底做好溫溼度管理。雛鳥對於溫溼度非常敏感，一旦管理不當就可能害鳥寶失去生命，主人務必多加留意。

用「草編鳥巢」、「竹鳥籠」來飼養雛鳥會比較方便，各位可在下方鋪放加熱墊，兩旁放置溼毛巾，也可以將整個巢籠放入大塑膠箱裡，或是蓋上塑膠墊，做好溫溼度管理。

「換我吃了！」

 ## 1個月就能自立

雛鳥階段是否有攝取充足營樣會影響骨骼發育，所以鳥兒的食物飼料可馬虎不得。將市售蛋黃粟混合粉料是容易製作且常見的文鳥飼料。出生2～3週的雛鳥每2小時須餵食一次，一天要餵6

次左右，所以主人必須能隨時陪在身旁。不過，看見鳥寶寶開心進食的可愛模樣，相信主人們一點都不覺得辛苦。一般來說，文鳥出生1個月左右就會飛，同時也會學習自己吃飼料。

## 養出健康的鳥寶寶

### 保溫、保溼

● 雛鳥出生3週前，溫度要維持在28～30度，第4週則為26～28度，出生1個月後則可慢慢降低環境溫度。加熱墊會是很方便的保溫用具。溼度建議維持在70％左右，注意雛鳥的飼育環境不可太過乾燥。

### 餵食

● 雛鳥的飼料會先將市售蛋黃粟浸泡熱水，連同熱水將雜質倒掉後，再重新加熱水。接著添加市售粉料，調製成糊狀後餵食雛鳥。飼料溫度約為38度，每天其中一餐還可以添加牡蠣粉和青菜。

真好吃呢！

● 出生2～3週的雛鳥每2小時須餵食一次，一天要餵6次左右。最後一餐要在晚上8點餵完，並讓鳥寶寶睡覺休息。出生4～5週的雛鳥可改成一天餵3次。

● 鳥兒出生1個月後會變得不主動索食，餵食還可能拒吃，慢慢地就會自己吃飼料。

### 測量體重

● 每天幫鳥寶測量體重，確認是否順利成長。有些鳥兒在學飛時體重會稍微減輕，身形變瘦。

# 學習階段的教導要點

- 鳥兒出生30天後會進入學習階段，從這時起便會將主人認定為自己的伴侶。
- 學習階段對文鳥的個性及態度會帶來很大影響，所以相處上須非常謹慎。

##  出生30天後就能自立

「要教會我很多事喔。」

雛鳥出生30天左右就會學飛，學吃飼料，慢慢變自立。這個時期也是吸收大量事物的學習階段，主人得要教導鳥兒重要的事。

剛出生的雛鳥其實無法辨別特定對象，對牠們而言，主人不過就是「人類」。手餵長大的文鳥雖然不怕人，卻不代表會是隻主動上手的鳥兒。想要文鳥能夠上手，就必須在鳥兒的學習階段成為牠所認定的伴侶。

##  教文鳥學會「戀愛」

這個階段要多和鳥寶做身體接觸，溫柔對牠說話，把「喜歡」的心情傳遞給鳥兒。只要文鳥懂得「戀愛」的感覺，未來便能和主人建立起良好關係。相反地，如果鳥兒在學習階段就認定主人很可怕，那麼未來很有可能會討厭主人。

　　讓文鳥在學習階段懂得如何洗澡。如果沒讓鳥寶習慣洗澡，有些文鳥甚至會討厭洗澡呢。在白天較溫暖的時候將澡盆放入鳥籠中，鳥寶應該就會自己下水洗澡。

　　學習階段對文鳥的個性及態度會帶來很大影響，各位在相處上須非常謹慎，建立起良好的人鳥關係。

## 學習階段決定鳥兒的個性

- 透過身體接觸和話語，向文鳥傳達「喜歡」的心情。

- 此階段的鳥兒充滿好奇心，玩具能讓鳥寶開心。

- 鳥兒對於危險事物也會感興趣，勿讓鳥寶靠近。

- 讓鳥兒學會洗澡。

- 公鳥在出生4個月後會開始學習歌唱鳴叫。這時讓鳥兒反覆聽同樣的語詞，牠會像學講話一樣回應鳴叫。

「這是什麼啊??」

# 如何讓文鳥學會上手？

- 手餵飼料讓文鳥熟悉人類，是鳥兒學會上手的第一步。
- 鳥兒學習階段的互動玩樂時間如果太少，鳥寶可能對主人覺得陌生，甚至不肯上手。

##  不斷撫摸的接觸原則

「窩在這裡好放鬆♪」

想要讓文鳥學會上手，第一步是必須讓鳥兒熟悉人類。從小手餵長大的鳥兒不會怕人，雛鳥會搖搖晃晃地開始學習走路，當鳥寶靠近時，主人可以試著讓鳥兒站上手心，並餵吃飼料。

接著，鳥兒會飛之後，可以每天固定時段讓鳥寶出籠放風，一起玩樂互動或餵食。還可以直視鳥寶，呼喊牠的名字，輕輕撫摸牠。透過這些身體接觸，文鳥也會開始信任主人，將主人認定為夥伴。相對地，如果學習階段飼主不太與鳥兒互動，鳥寶可能就學不會上手。如果同時飼養多隻文鳥，那麼鳥兒可能會把目光轉向其他文鳥，對主人不感興趣。

## 玩耍仍應設下限制

　　學習階段常見的NG行為，包含主人因為鳥兒太可愛，可愛到只要有空就會讓鳥寶出籠放風。常讓鳥兒放風乍聽之下似乎很好，但無限制的玩耍反而只會養出任性不聽話的文鳥。學習階段養成的習慣多半難以改變，主人務必多加留意。

 ## 一起玩耍，讓文鳥學會上手

### STEP 1

手餵雛鳥，讓鳥兒熟悉主人（人類）。

### STEP 2

進入學習階段（出生1個月左右）後，讓鳥兒出籠，一起玩耍互動。

被摸時會覺得很安心呢～

### STEP 3

手餵飼料，和鳥兒說話，輕輕撫摸，多和鳥兒身體接觸。

「好想一直待在這裡喔……」

# 不可讓鳥兒學會這些事！

- 就算對文鳥說「不可以這樣做」牠也聽不懂，所以別在文鳥面前做出不希望牠學會的事。
- 只要這個階段徹底掌握什麼能教、什麼不能教，後續的相處照顧就會很輕鬆。

##  不是禁止，而是不讓鳥兒學會

「別讓我學會不希望我做的事喔……」

學習階段的文鳥，會不斷吸收眼前發生的各種事物。主人有義務教會鳥兒該怎麼活下去，但鳥寶這段期間也很容易記住一些做了會有危險或令人困擾的行為，所以相處時要特別注意。對文鳥而言，人工飼養環境的某些事物其實存在著意想不到的危險。

就算跟文鳥說「不可以這樣做」牠也聽不懂，只要鳥寶學會了某樣事物就很難改掉，與其事後禁止，不如一開始就「別讓鳥兒學會」、「別讓鳥兒瞧見」會更好。也不可以在文鳥面前吃零食，或是把鳥寶帶進不希望牠飛入的房間。

文鳥邁入成鳥後也會學習，但不會像學習階段般好奇，想要一直探索新世界。所以只要徹底掌握這個階段什麼能教、什麼不能教，後續的相處照顧就會輕鬆許多。

## 不可在鳥兒面前開門窗

　　舉例來說，各位該做的不是打開門窗、對文鳥說「不可以從這裡飛出去」，而是絕對別在鳥兒面前打開門窗，這樣鳥寶就不會知道門窗其實和外面相通。

## 不可以讓鳥兒瞧見的事項

- 不要打開門窗

- 別在鳥兒面前吃零食

- 別把鳥兒帶進不希望牠飛入的房間

- 別讓鳥兒看見煮飯時的模樣

- 別餵鳥兒吃人的食物

- 別讓鳥兒看見不希望牠接觸的物品

「看過之後，我可是會很在意的。」

105

# 為鳥寶拍照記錄吧

- 文鳥是很棒的拍攝對象。不過文鳥動作靈敏，建議使用單眼相機，較容易捕捉身影。
- 在窗邊等明亮處拍照、調高快門速度，都是拍攝鳥兒的重點。

## 推薦使用單眼相機

文鳥是非常棒的拍攝對象，推薦各位多拍照來記錄回憶。不過文鳥動作靈敏，拍攝難度頗高。想拍漂亮照片得掌握幾個重點。

手機的內建相機能隨時捕捉鳥寶的模樣，但如果要記錄文鳥活動的一瞬間，還是推薦各位使用單眼相機。若各位持有多顆鏡頭，85㎜以上的中距望遠鏡頭會比較適合拍攝鳥寶。

## 關鍵在於防手震

拍攝文鳥的環境主要會在室內，防手震就成了很重要的環節。攝影閃燈會嚇到文鳥，原則上應避免使用。同時也會建議在窗邊等較明亮的位置幫鳥兒拍照。

另外，調高快門速度也是防手震的方法之一。各位可將拍照設定成「運動模式」，一般拍攝時則設定「快門優先」，並將快門速度設定為1／125～1／250。

「要拍下我的各種表情喲～」

# 捕捉鳥兒一瞬間

● 試著幫鳥寶拍攝臉部特寫、全身照、背影、吃飯、洗澡時的模樣等各種生活照吧。

● 主人當然也會想拍下鳥寶飛行的照片。這時可先將鏡頭對著鳥寶，等到鳥寶飛起那一瞬間，再用連拍模式捕捉畫面。運氣雖然很重要，但只要多挑戰幾次，一定能讓各位捕捉到充滿躍動感的瞬間。

鳥兒鳴叫時，較容易拍到帶有表情的照片。

按下快門，捕捉鳥兒看向鏡頭的那一瞬間。

利用快門速度優先的連拍模式，拍出充滿動感的照片。

用飼料吸引鳥寶，拍攝會更順利。

用鏡頭捕捉鳥兒伸展翅膀的瞬間，就是張充滿躍動感的照片。

# 文鳥的疾病預防對策

- 文鳥本身頗為強健，但沒有好好照顧的話還是會生病。
- 常保飼養環境整潔、提供營養均衡的食物、適當運動都是讓鳥寶健康的基本原則。

##  先天體格強健的鳥類

「健康第一！」

文鳥的體格不錯，不少文鳥都能活超過10歲。但如果飼主沒有為鳥兒的健康把關，愛鳥還是會因此生病，甚至死亡。想讓可愛文鳥活得長長久久，日常照顧可說非常重要。

每天的照料工作就是最基本的健康管理。各位不僅要維持飼養環境整潔，提供營養均衡的食物，還要讓鳥寶適當運動，有這些日常的累積才能為鳥兒的健康把關。另外，每天讓鳥兒洗澡也是維持健康的重要工作。

##  預防首重受傷與骨折

養在室內容易日照不足，所以要記得讓鳥兒適當地做些日光浴。洗澡後讓鳥寶在太陽下30分鐘做日光浴能夠促進健康，不過，炎熱夏天可能會害鳥兒中暑，請避開陽光火辣的時段。

　　此外，文鳥還滿容易受傷或骨折。腳骨折的話會無法站在棲木上，對生活造成障礙。主人必須排除害鳥寶受傷的原因，除了平常多注意、多觀察，只要鳥寶看起來怪怪的，就必須立刻帶至醫院。早期發現、早期治療才是最重要的。

## 鳥寶的健康管理事項

● 為了營養均衡，也要提供鳥寶副食品

● 多加打掃，維持環境整潔

● 每天盡量放風1小時讓鳥寶運動

● 讓鳥寶做些適當的日光浴

● 避免鳥兒受傷或骨折

● 鳥寶看起來怪怪的話就該帶去看診，別自己當醫生

「飲食生活也很重要呢！」

# 文鳥的健康檢查表

- 我們很難察覺文鳥生病，發現時可能為時已晚。主人要養成每天檢查鳥兒健康的習慣，才能及早發現。
- 逐一檢查鳴叫聲、食慾、排泄物、眼睛、耳朵、鼻子、嘴喙，就有機會找出疾病徵兆。

##  每天早上確認鳥兒的健康狀況

「我可是會愈長愈大的喲～」

文鳥生病時就和人類一樣，及早發現、及早治療才是途徑。不過我們很難察覺文鳥生病，當鳥兒出現症狀，可能已經罹病許久甚至難以治療。

只要感覺到鳥寶「似乎跟平常有點不一樣」，就應謹慎起見，前往醫院看診。各位必須養成習慣，每天確認鳥兒的健康狀況，才不會忽略任何生病的徵兆。只要察覺異常就要立刻就醫。

##  測量體重亦不可少

確認項目包含了鳴叫聲、食慾、排泄物、眼睛、耳朵、鼻子、嘴喙等，習慣之後甚至不用花費1分鐘，就能檢查完所有項目。

　　如果鳥兒短期間內體重明顯增減，就必須懷疑是否生病了。鳥寶身上的羽毛讓我們很難從外觀看出體重變化，所以建議平常就要幫鳥兒量體重。

# 健康檢查表

**眼睛**　是否溼潤？有無浮腫？

**鼻子**　有無流鼻水？

**嘴喙**　顏色和形狀有無異樣？

**腳**　　是否能活潑跳躍？抓力
　　　　夠不夠？

**呼吸**　有無出現和平常不一樣的雜音？

**活動度**　活動是否變緩慢？是否嗜睡？

**糞便**　顏色是否正常？

**身體**　有無出現凸瘤腫包？

體重管理

記得經常
確認喔。

「要仔細觀察我全身上下喲～」

# 母鳥的特有疾病

- 母鳥容易因卡蛋等產蛋相關的障礙而喪命，壽命相對較短。
- 減少造成發情的刺激因素，避免母鳥產下空包蛋。

##  為什麼母鳥價格通常較貴？

「要很～仔細觀察我的身體喲！」

母文鳥的價格多半比公鳥貴，母鳥容易因為產蛋障礙喪命，所以數量比公鳥少，價格當然比較貴。實際比較超過10歲的文鳥，會發現公母比例為4：1，公鳥占絕對多數。

想讓母鳥活得長久，就必須給予不一樣的照顧方式。各位尤其要注意盡量別讓母鳥產下空包蛋。

##  預防母鳥產下空包蛋

母鳥發情時，即便沒有交配也會產下空包蛋，這對母鳥的健康並非好事。因為產蛋會增加卡蛋等各種疾病或症狀的風險。

一般所說的卡蛋，是指鳥蛋卡在輸卵管內，成因包括鈣質不足等。卡蛋情形容易出現在12～3月的寒冷季節裡，致死率頗高，主人務必多加留意。

不想讓鳥兒產下空包蛋，就不要撫摸鳥寶背部，盡量避免會刺

激鳥寶發情的動作。母鳥可能會因此養成產下空包蛋的習慣，所以在照顧母鳥時須注意這類產蛋障礙，才能讓鳥兒活得長久喲。

# 常見的產蛋障礙

### 卡蛋

好難受啊……

- 症狀　鳥蛋卡在輸卵管內。常見於第一次生蛋的母鳥，會膨起羽毛，狀似痛苦。

- 處置　留意是否鈣質攝取不足。若鳥媽媽精神狀態良好，可將其置於陰暗處，並做好保暖，就有機會順利產蛋。若遲遲無法下蛋，就須前往醫院。情況嚴重時甚至要剖腹處理。

### 輸卵管脫垂

- 症狀　輸卵管從肛門脫離至體外。卡蛋、產蛋太用力都是可能原因。若不盡快處理，輸卵管可能因此壞死。

- 處置　帶鳥寶前往醫院，同時避免碰觸脫離的輸卵管。醫生會協助將輸卵管放回體內。輸卵管脫垂一旦發生後容易再發，務必讓鳥寶確實接受治療。

### 輸卵管阻塞

- 症狀　構成鳥蛋的物質停滯於輸卵管內，輸卵管會因此發炎，且腹部脹大。太嚴重的話還會引起腹膜炎。

- 處置　停滯物質不大的話，可以靠投藥的方式慢慢疏通阻塞，太大則須剖腹取出。

# 文鳥出現異常的對策

● 發現文鳥身體異常時，就要立刻前往診所讓醫生診斷。自己當醫生治療鳥寶是非常危險的行為。

● 若鳥兒在醫院未營業時間出現身體不適，主人可先做保暖等緊急處置。

##  貿然充當大夫很危險

「要注意我的身體有無異常喔。」

發現文鳥有異狀時，要優先考慮帶鳥寶上醫院看診。就算主人知道鳥兒生了什麼病，也不要天真以為自己就能治好牠。

能盡快帶去醫院當然最好，但鳥寶也有可能在晚上或假日身體不舒服，這時請做好緊急處置，等醫院開門。

鳥兒身體不舒服時，會很難維持體溫，如果鳥寶開始膨起羽毛，就表示體溫正在下降。建議各位可用幼鳥燈泡為鳥兒製作簡易保溫箱。

避免震動及噪音，給鳥兒一個安靜的環境也很重要。雖然市面上售有各種藥物，但對身體嬌小的文鳥而言可能會藥效過強或產生副作用。主人自己當起醫生，對鳥寶投藥其實非常危險，敬請各位謹慎判斷。

## 事先尋覓好醫院

如果住家附近有可以幫文鳥看診的醫院當然最好，但實際上這類醫院並不好找。建議各位要先上網搜尋或致電詢問，確認醫院是否能幫文鳥看診，切勿等到鳥兒身體不舒服後才開始找醫院。

帶鳥兒上醫院時，可參考P.84的內容，盡量減少鳥寶的負擔，同時也要盡可能縮短移動路程。

醫院會詢問鳥兒的年齡、飼養狀況，有時也會檢查糞便，各位可以包好鳥寶在家中排泄的糞便一起帶去醫院。

## 發現異狀，立刻處理

- 優先考慮帶鳥寶上醫院看診

- 若出現體溫下降的情形，就要給予保暖

- 保持安靜，與其他鳥兒隔離

- 若要自己為鳥兒投藥，必須非常謹慎小心

來到醫院就放心多了……

「從食慾也能看出我的身體狀況喲！」

# 50 與文鳥說再見

- 文鳥過世時的悲傷難以言喻。我們最後能為鳥寶做的，就是好好地送牠一程。
- 可以讓鳥寶長眠於寵物墓園，或是葬在自家庭院及盆栽裡。

##  與文鳥悲傷告別

「我們要一起留下很多回憶唷。」

視為家人般疼愛的文鳥如果走了，主人的悲傷之情肯定是難以言喻。很多鳥兒前一天都還正常好好的，沒想到隔天早上就死在籠中。其實無論什麼情況，不少飼主面對文鳥突然離去，都會罹患喪失寵物症候群（Pet Loss）。

##  好好送鳥寶最後一程

但是，一直悲傷下去也無法改變鳥寶已經離去的事實。我們最後能為鳥寶做的，就是好好送牠一程，謝謝牠所帶來的許多美好回憶。

除了寵物墓園能提供火化或安葬鳥兒的服務，有些業者則能協助火化後交回鳥兒的骨灰。

若是公寓住戶，也可以考慮葬在盆栽裡。此外，日本法律規定禁止將寵物葬在河床或公園內。

## 適時選擇放手

還有一種情況必須與文鳥說再見，那就是生活環境改變，無法再繼續養鳥寶的時候。另外，過度繁殖也可能使主人無法再繼續飼養。這時必須優先思考，怎麼做才能讓鳥兒過上幸福的生活。

「在我心裡，我們永遠都在一起喲！」

如果找到可以繼續疼愛呵護鳥寶的朋友接手飼養當然是最好，另外也可以問問鳥店是否願意接手，或是在網路的領養社團群組貼文。不過，對鳥兒來說，生活環境只要有些許改變就會感到壓力，為鳥寶找到新主人時，務必仔細交代鳥兒一天的生活步調、喜愛的飼料、病歷等相關資訊。

絕對不能因為找不到接手的主人就將鳥兒放生。一旦文鳥飛到

野外，在沒有人類拾獲的情況下，幾乎難以生存。光是想像文鳥被外敵攻擊，臨死時還充滿恐懼的情形就不禁讓人鼻酸流淚。準備飼養文鳥時，最好先思考萬一真的無法繼續飼養，那時候該怎麼辦。

# 文鳥是什麼樣的鳥？

文鳥是原產自印尼的小型鳥類，於江戶時期傳入日本。文鳥既可愛又優雅，再加上非常親人，因此深受日本人喜愛，是相當常見的寵物鳥。

##  大眾熟悉的寵物鳥

「有很多種羽色喲！」

文鳥是原產自印尼的小型鳥類，於江戶初期傳入日本，明治時期開始成為老百姓的寵物，夏目漱石也曾發表過一篇名為〈文鳥〉的短篇小說。二戰後飼養上手文鳥的熱潮雖然已過，但文鳥還是保有相當的人氣。

不只日本人飼養，文鳥在歐洲同樣頗受歡迎。但也因為如此高的人氣，人類開始在印尼濫捕文鳥，期間又以1990年代的情況最為嚴重。隨著華盛頓公約頒布，文鳥被列入進出口交易受限制的瀕臨絕種動植物名單中。

相信不少人一定會很訝異，我們身邊常見的文鳥竟然是瀕臨絕種的動物。其實，目前日本市面上常見的文鳥，多半是在國內自行繁殖而來。

##  活潑、適應力佳又親人

文鳥種類其實不多，除了有直接馴化野生種而來的一般文鳥，

還可依顏色區分成白文鳥、黑文鳥、肉桂文鳥、銀文鳥、奶油文鳥等。

成鳥平均體長介於13～15公分，體重大約25公克。文鳥雖然身形嬌小，嘴喙卻偏大，所以總能做出既獨特又動人的表情。文鳥天生活潑、好奇心強烈，適應力不錯，又很親人，是非常受歡迎的寵物鳥。

巴黎鳥店販售的文鳥

文鳥的雛鳥相對好養，成鳥也比外表看起來健壯，算是新手很好入門的鳥種，所以飼養文鳥才會如此普及。

## 如何區分公鳥和母鳥？

要分辨文鳥公母其實頗為困難。沒有絕對的判別方式，只能逐一比較來推測性別。

| 頭部 | 公鳥較平，母鳥較圓。 |
| --- | --- |
| 嘴喙 | 公鳥又紅又大，母鳥較細。 |
| 眼睛 | 公鳥較大，形狀偏鳳眼。母鳥又圓又小。 |
| 眼眶 | 公鳥眼眶形狀清晰帶紅，母鳥較白、偏細。 |
| 聲音 | 公鳥會啾啾啾叫不停，母鳥不會連續鳴叫。 |

此外，雛鳥更難分辨公母。只能說體型和眼睛偏大的雛鳥為公鳥的機率較高。

# 文鳥Q&A

**Q** 文鳥的視覺、聽覺與嗅覺好嗎？

**A** 文鳥視力很好，聽覺和嗅覺則沒有那麼發達。

一般來說，鳥類的視力都很好，不少鳥兒甚至能看見人類無法識別的顏色。文鳥的視力很好，視野範圍也比人類更加寬廣。到了夜晚，鳥類的視力會明顯變差，所以日文才會有「鳥目」（夜盲症）一詞，但也沒有誇張到完全看不見東西。

至於嗅覺和聽覺的表現一般，並沒有特別卓越。

「我的眼力很好呢！」

「對氣味沒什麼感覺……」

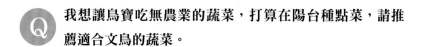

**Q** 我想讓鳥寶吃無農業的蔬菜，打算在陽台種點菜，請推薦適合文鳥的蔬菜。

**A** 建議種植豆苗或小松菜。

文鳥很喜歡吃青菜，不過要每天準備少量的新鮮蔬菜卻很有難度，如果家裡有個菜園或能在陽台種點青菜就能解決這個問題。

豌豆嫩葉的豌豆苗不僅營養豐富，在廚房就能輕鬆栽

培，收成所需時間又短，有非常多的優點。這裡雖然省略說明詳細的栽培法，但各位只要記住，將碗豆放在塑膠盒浸水，每天換一次水，那麼1、2天後就會發芽。每個季節的生長速度不同，基本上1週左右就能收成。收成後，把剩下的豆苗根部與豆子再用相同方式栽培，大約能收成個2、3次，CP質非常高。

　　文鳥也很喜歡的小松菜同樣能輕鬆盆植，且一年四季都可收成，非常推薦各位栽種。

「最愛吃青菜了！」

**Q** 鳥爸媽養大的文鳥也會上手嗎？

**A** 很有難度，但只要感情夠好還是有機會。

　　由鳥爸媽養大，雛鳥階段不曾與人類親密互動，不習慣人類的鳥在日文又稱為「荒鳥」。若是主人一靠近籠子就會四處竄逃的鳥兒，和牠說話互動時就請稍微拉開距離，有耐心地疼愛鳥寶吧。如果主人按捺不住，想要強行抓住鳥兒，反而會讓鳥寶充滿恐懼。各位要學會慢慢地建立起彼此的關係。當文鳥看起來不會恐懼後，就可以試著用手餵飼料。

「要很愛很愛我喲！」

「我懂你的心情。」

**Q** 為什麼鳥寶看起來有點胖？

**A** 多半是運動不足或營養過剩所造成。

　　如果較少讓鳥寶放風，就有可能運動量不足，導致肥胖。出了籠子也不肯飛，只想緊緊黏在主人身邊的文鳥同樣比較容易肥胖。

　　過量的飼料也會造成肥胖，尤其要避免小米穗這類脂肪較多的飼料過量。

　　肥胖可能會帶來疾病，必須設法解決肥胖。從外觀或上手時的重量很難知道鳥寶是否過重，還是會建議各位定期為鳥兒測量體重。

「不能餵我吃太多啦！」

**可以在室內放養文鳥嗎？**

 **建議要有「文鳥專用」的房間。**

　　人鳥共同生活在同個空間的話，有些風險怎樣都避免不了。例如鳥兒在開門瞬間飛出室外，煮飯時想要飛入鍋子裡，甚至是躲在抱枕或床單裡，一個不小心就有可能踩踏到鳥寶。有些主人心想著要收好不想讓鳥寶接觸到的物品，結果最後還是忘記收拾。

　　想在室內放養文鳥的話，就乾脆將閒置的房間作為「文鳥專用房」。房內避免擺放危險物，也不要將這類物品帶入房內。另外，不要忘了遮蓋住文鳥可能會鑽入的空間和縫隙。

　　不過，當鳥兒年紀大了，飛行能力也會變差，所以老鳥還是會建議籠養。

**我家有個 1 歲小孩，這樣也可以養文鳥嗎？**

**原則上可以養，但要小心。**

　　小孩可能會很用力握捏鳥兒，或是不小心踩輾鳥兒。文鳥算是靈敏，但仍有可能發生意外事故。萬一鳥兒突然啄咬小孩，小孩也可能變得害怕文鳥。所以房內若有小嬰兒，就該避免讓鳥兒出籠放風。

　　另外還有人會擔心過敏。有些人其實對鳥類過敏，當飛在空氣裡的羽屑或乾掉的糞便進入體內，可能會併發

氣喘等過敏症狀。嬰幼兒對於過敏源較為敏感，擔心會過敏的人則應避免飼養鳥類。

有小孩成員的家中也較常發生不慎打翻鳥籠的情況，所以務必將籠子擺在小孩碰不到的位置。

「幫我準備個舒適的環境喲！」　　「好期待放風時間呢～」

**Q** 鳥兒放風時竟然去吃地上的小蟲，有沒有關係呢？

**A** **基本上沒關係。**

野生文鳥是會吃幼蟲及昆蟲的雜食性鳥類，基本上吃掉地上的小蟲不會有什麼問題。不過，寵物鳥從小就習慣吃人類準備的飼料，照理說不太會主動吃蟲。再者，主人應該都會提供鳥兒均衡的營養，所以也不必刻意餵鳥寶吃蟲。

「要幫我準備美食喲！」　　　　　「我可是雜食性動物呢。」

**Q** 鳥媽媽生了很多小文鳥，有沒有可以轉賣的管道呢？

**A** 有些鳥店會願意收購。

如果是向鳥店購買對鳥（已配對好的公母鳥），鳥店或許會願意收購鳥爸媽生下的雛鳥，各位在購買時不妨詢問看看。文鳥價格落差不小，但請要有個觀念，那就是賣鳥其實利潤不大。收購的基本條件為鳥兒健康無缺陷。

**Q** 聽說台灣會用文鳥占卜，是真的嗎？

**A** 這種占卜方式稱作鳥卦。

鳥卦是指文鳥從許多牌卡中抽出一張，看看牌卡寫什麼內容的占卜方式。占卜師會讓文鳥空腹一段時間，等鳥兒抽牌後，再餵飼料作為獎勵。

各位說不定也能教會自己的文鳥抽牌喔。

「白文鳥的誕生地是彌富市呢！」

「要多和我一起玩喲～」

**Q** **為什麼日本愛知縣的彌富市有「文鳥之鄉」的別稱呢？**

**A** **這裡是白文鳥的誕生地，也是上手文鳥文化的發祥地。**

　　彌富市會盛行養文鳥，相傳是因為幕府末期，一位原本在尾張藩武家屋敷（武士們居住的村落）幫傭，名叫八重女的女性帶著黑文鳥一起嫁到彌富的緣故。後來附近許多農民都開始飼養文鳥作為副業，明治時期黑文鳥更基因突變，誕生了白文鳥。不斷改良之下，彌富市便成了日本第一的白文鳥特產地。

　　彌富的白文鳥非常受歡迎，訂單如雪片般飛來，繁殖戶根本等不及鳥爸媽養大雛鳥，就必須將鳥寶寶出貨。也因為這樣才會飼育出非常習慣人類、會上手且受人喜愛的文鳥。

　　不過，因為繁殖戶高齡化與後繼之人不足，彌富市的文鳥出貨量逐漸減少。彌富文鳥工會雖然已在 2009 年解散，但至今彌富市仍是各界熟知的「文鳥之鄉」。目前彌富市內的間崎公園還有在飼養及展示文鳥。

家裡飛來了文鳥，該怎麼辦？

**對文鳥來說，在找不到原飼主的情況下，你能夠接手飼養會是最幸福的。**

　　有些人是因為別人走失的文鳥飛來家中，才會走上養文鳥之路。

　　人養的文鳥基本上不會飛太遠，所以主人就住在附近的機率很高。這時各位可以讓街訪鄰居知道家裡來了隻迷路的文鳥，大家口耳相傳下會更有機會找到主人。不過，除非失主有張貼尋鳥傳單，或是發現者將鳥兒送到派出所，否則是很難找到主人的。

　　如果各位能打造一個飼養文鳥的環境，那麼對飛失的鳥寶而言，在找不到原飼主的情況下，你能夠接手飼養會是最幸福的。文鳥幾乎不可能自己在戶外生存下來。若你無法接手飼養，建議可問問鳥店或寵物店是否願意幫忙。

　　決定接手飼養文鳥時，要先帶去可以診察文鳥的動物醫院，確認有無生病，這樣飼養起來也比較安心。

「要一直愛護我喲！」

「一起快樂生活吧！」

[監修・插圖]

## 汐崎隼

愛知縣人。為了實現小時候的漫畫家夢想，辭去了大學畢業後任職至今的公司，前往東京闖蕩。目前於青年雜誌發表作品，並擔任以《文鳥與我》（文鳥様と私，暫譯）聞名的漫畫家——今市子的助理。從小便非常喜愛文鳥這類小型鳥類，也曾發行過《無聊的鴿胸文鳥》（鳩胸退屈文鳥，暫譯，イーフェニックス出版）等能看見小鳥蹤影的作品。目前養有會上手的文鳥（白文鳥，2歲，♂）和虎皮鸚鵡（蛋白石藍虎皮，2歲，♀）。

鳥漫畫部落格／「日々のさえずり」 http://daily-song.net/
Twitter/@awa_shio20


[ 編輯、執筆、製作 ]
二宮良太・久保範明・深澤廣和
有限会社インパクト

[ 設計 ]
有限会社 PUSH

[ 攝影 ]
田中昌

[ 照片提供 ]
感謝眾多愛鳥人士的協助。由衷感謝！

## 文鳥的幸福飼育指南

出　　　版／楓葉社文化事業有限公司
地　　　址／新北市板橋區信義路163巷3號10樓
郵 政 劃 撥／19907596 楓書坊文化出版社
網　　　址／www.maplebook.com.tw
電　　　話／02-2957-6096
傳　　　真／02-2957-6435
監修、插圖／汐崎隼
翻　　　譯／蔡婷朱
責 任 編 輯／江婉瑄
內 文 排 版／楊亞容
校　　　對／邱鈺萱
港 澳 經 銷／泛華發行代理有限公司
定　　　價／320元
初 版 日 期／2022年3月

國家圖書館出版品預行編目資料

文鳥的幸福飼育指南 / 汐崎隼監修；蔡婷朱翻譯. -- 初版. -- 新北市：楓葉社文化事業有限公司, 2022.03　面；　公分

ISBN 978-986-370-391-4（平裝）

1. 文鳥科 2. 寵物飼養

437.794　　　　　　　　110021856